国家出版基金项目
NATIONAL PUBLICATION FOUNDATION

国 家 出 版 基 金 资 助 项 目
"十三五"国家重点出版物出版规划项目
先进制造理论研究与工程技术系列

机器人先进技术研究与应用系列

钩爪式仿生爬壁机器人

Bionic Wall-climbing Robot with Claws

吉爱红　著

哈爾濱工業大學出版社
HITP　HARBIN INSTITUTE OF TECHNOLOGY PRESS

内 容 简 介

本书介绍了面向国防与民生需求的各种爬壁机器人,如磁吸附式爬壁机器人、负压吸附式爬壁机器人等,并比较了这些机器人的原理、优缺点及应用。同时从仿生角度出发,介绍了自然界各种昆虫的前跗节脚爪结构及其相对应的附着方式与附着原理,研制了基于柔性垫的钩爪式爬壁机器人和对抓钩爪式爬壁机器人。具体研究内容包括钩爪附着的基本原理分析、钩爪式脚掌的设计与实验、钩爪式爬壁机器人的整机设计、爬壁机器人的运动步态规划和机器人的控制实现与调试等。

本书可作为本科生、研究生仿生机器人课程或仿生学课程的参考教材,也可作为广大机器人爱好者和仿生学爱好者的科普读物。

图书在版编目(CIP)数据

钩爪式仿生爬壁机器人/吉爱红著. —哈尔滨:
哈尔滨工业大学出版社,2022.4
(机器人先进技术研究与应用系列)
ISBN 978 - 7 - 5603 - 9306 - 3

Ⅰ.①钩… Ⅱ.①吉… Ⅲ.①爬壁机器人－研究
Ⅳ.①TP242.3

中国版本图书馆 CIP 数据核字(2021)第 016830 号

策划编辑　王桂芝　张　荣
责任编辑　张　颖　谢晓彤
出版发行　哈尔滨工业大学出版社
社　　址　哈尔滨市南岗区复华四道街 10 号　邮编 150006
传　　真　0451－86414749
网　　址　http://hitpress.hit.edu.cn
印　　刷　辽宁新华印务有限公司
开　　本　720 mm×1 000 mm　1/16　印张 12.5　字数 245 千字
版　　次　2022 年 4 月第 1 版　2022 年 4 月第 1 次印刷
书　　号　ISBN 978 - 7 - 5603 - 9306 - 3
定　　价　78.00 元

国家出版基金资助项目

机器人先进技术研究与应用系列

编 审 委 员 会

序

机器人技术是涉及机械电子、驱动、传感、控制、通信和计算机等学科的综合性高新技术，是机、电、软一体化研发制造的典型代表。随着科学技术的发展，机器人的智能水平越来越高，由此推动了机器人产业的快速发展。目前，机器人已经广泛应用于汽车及汽车零部件制造业、机械加工行业、电子电气行业、医疗卫生行业、橡胶及塑料行业、食品行业、物流和制造业等诸多领域，同时也越来越多地应用于航天、军事、公共服务、极端及特种环境下。机器人的研发、制造、应用是衡量一个国家科技创新和高端制造业水平的重要标志，是推进传统产业改造升级和结构调整的重要支撑。

《中国制造 2025》已把机器人列为十大重点领域之一，强调要积极研发新产品，促进机器人标准化、模块化发展，扩大市场应用；要突破机器人本体、减速器、伺服电机、控制器、传感器与驱动器等关键零部件及系统集成设计制造等技术瓶颈。2014 年 6 月 9 日，习近平总书记在两院院士大会上对机器人发展前景进行了预测和肯定，他指出：我国将成为全球最大的机器人市场，我们不仅要把我国机器人水平提高上去，而且要尽可能多地占领市场。习总书记的讲话极大地激励了广大工程技术人员研发机器人的热情，预示着我国将掀起机器人技术创新发展的新一轮浪潮。

随着我国人口红利的消失，以及用工成本的提高，企业对自动化升级的需求越来越迫切，"机器换人"的计划正在大面积推广，目前我国已经成为世界年采购机器人数量最多的国家，更是成为全球最大的机器人市场。哈尔滨工业大学出版社出版的"机器人先进技术研究与应用系列"图书，总结、分析了国内外机器人

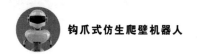

技术的最新研究成果和发展趋势,可以很好地满足机器人技术开发科研人员的需求。

"机器人先进技术研究与应用系列"图书主要基于哈尔滨工业大学等高校在机器人技术领域的研究成果撰写而成。系列图书的许多作者为国内机器人研究领域的知名专家和学者,本着"立足基础,注重实践应用;科学统筹,突出创新特色"的原则,不仅注重机器人相关基础理论的系统阐述,而且更加突出机器人前沿技术的研究和总结。本系列图书重点涉及空间机器人技术、工业机器人技术、智能服务机器人技术、医疗机器人技术、特种机器人技术、机器人自动化装备、智能机器人人机交互技术、微纳机器人技术等方向,既可作为机器人技术研发人员的技术参考书,也可作为机器人相关专业学生的教材和教学参考书。

相信本系列图书的出版,必将对我国机器人技术领域研发人才的培养和机器人技术的快速发展起到积极的推动作用。

蔡鹤皋

2020 年 9 月

前 言

　　运动是动物捕食、逃逸、生殖、繁衍等行为的基础。在 35 亿年的进化和竞争中,许多动物,如壁虎、蜘蛛、苍蝇、蝗虫等,演化了具有优异的在各种各样的表面上运动的能力。经过长期的进化,动物与壁面的附着主要有足爪机械内锁合(claw mechanical interlocking)和足垫黏附(pads adhesion)两种方式。对不同的动物,其足垫又分为光滑足垫和刚毛足垫。在粗糙表面上,动物使用脚趾(或前跗节)末端的爪(claw)依靠机械内锁合实现附着。在相对光滑表面上,动物则使用光滑足垫或刚毛足垫实现附着。自然界的各种表面大都是粗糙的表面,而且粗糙程度多种多样,动物为了能在保证可靠附着的前提下自如爬行,面对不同状况的接触表面时,也会选择不同的附着方式,其足端至少有爪作为附着器官。

　　仿生指的是人类对生物的模仿学习,伴随着人类文明的发展过程。毛泽东在《贺新郎·读史》一词中写道:"人猿相揖别。只几个石头磨过,小儿时节。"人类自从学会使用工具,就有了仿生行为。仿生学(bionics)作为一门学科,是 1960年由美国科学家 Steel 提出并创立的,通过学习、模仿、复制和再造生物系统的结构、功能,来改进、提高现有系统的性能或创造新的系统,以增强人类对自然的适应和改造能力,产生巨大的社会经济效益。

　　本书从仿生角度出发,介绍自然界各种昆虫的前跗节脚爪结构及其相对应的附着方式与附着原理,并介绍国内外研究的各种钩爪式爬壁机器人。同时,研制了基于柔性垫的钩爪式爬壁机器人和对抓钩爪式爬壁机器人。全书内容包括钩爪附着的基本原理分析、钩爪式脚掌的设计与实验、钩爪式爬壁机器人的整机设计、爬壁机器人的运动步态规划和机器人的控制实现与调试等。

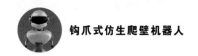

本书撰写过程中，硕士研究生赵智慧、江南、胡捷等分别参与了钩爪式四足爬壁机器人、对抓钩爪式六足爬壁机器人、滚轮式钩爪爬壁机器人的研究工作，在此表示感谢。

本书的研究工作得到了国家重点研发计划、国家自然科学基金和江苏省自然科学基金的研究经费支持。

科学界有一个著名的故事。1911 年，刚刚历史学专业毕业的路易斯·德布罗意，看到了作为实验物理学家的哥哥莫里斯·德布罗意参加索尔维会议的会议记录，这次会议有爱因斯坦、普朗克、洛伦兹、居里夫人等著名科学家参加。路易斯·德布罗意看完会议记录后觉得物理学太有意思了，于是改学物理，10 多年后提出了"波粒二象性"假说，成为量子力学的开拓者，以博士学位论文直接获得诺贝尔奖。本书可作为本科生、研究生仿生机器人课程或仿生学课程的参考教材，同时也希望本书能成为广大机器人爱好者和仿生学爱好者的科普读物，激起广大读者探索科学的兴趣。

限于作者水平，书中难免存在疏漏及不足之处，敬请指正。

吉爱红
2022 年 1 月于南京明故宫

目　录

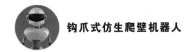

第 1 章

爬壁机器人

爬壁机器人是特种机器人的一个重要分支,有着很好的灵活性和适应性,可以在竖直或者倒置表面无障碍运动。本章主要介绍磁吸附式爬壁机器人、负压吸附式爬壁机器人、磁气混合式爬壁机器人、黏附式爬壁机器人等类型爬壁机器人的国内外研究进展。

1.1　概　　述

随着人类社会的进步与科学技术的革新,机器人开始在社会各方各面发挥着重要作用,甚至在越来越多的场合替代了人类。其涉及领域已从传统的工业领域扩展到生物医疗、教育服务、灾难救援及勘探侦测等方面。同时,机器人所完成的任务需求也从结构化的定点作业向非结构化的自主作业方面拓展,其目的是代替人类完成一些重复性、高精度的工作。尤其是在一些对于人类比较危险的高危环境或者并不适合人类作业的环境下,机器人发挥着非常重要的作用。比如在地震等一些复杂环境下的救援、矿坑内的探测、空间站的舱外检修以及小行星的地面探测等,更需要特种智能机器人实现这些人类无法完成的任务。

爬壁机器人是特种机器人的一个重要分支,有着很好的灵活性和适应性,可以携带装备完成特定的作业任务,因此实现爬壁机器人在竖直或者倒置表面无障碍的运动具有非凡的意义。然而,对于机器人在三维空间的无障碍运动(Three Dimensional-terrain Obstacle Free,TDOF)仍需攻克许多关键技术问题,其中实现机器人竖直表面的自如攀爬运动是完成机器人在三维空间进行无障碍运动的关键难点之一。

自然界中,生物经过长期的进化和残酷的自然选择给人类留下了丰富多彩的自然资源。昆虫、壁虎等生物能够灵活地在竖直表面甚至倒置表面向任意方向爬行,其独特的身体结构和材料,优异的肢体运动性能与运动控制策略为人类研究智能机器人提供了无穷无尽的灵感源泉。

美国著名历史学家斯塔夫·里阿诺斯在他的著作《全球通史:从史前到 21 世纪》中指出,人类的祖先即原人的起源可以追溯到 400 多万年前,原人已经能够使用简单的石制工具和武器。仿生指的是人类对生物和自然界的模仿学习,从原人时代起,就一直伴随着整个人类文明的发展过程。20 世纪 60 年代,人类对于生物出色的特性进行理解、研究与再现的过程形成了一门学科 —— 仿生学(bionics)。仿生学是生命科学、机械和材料等多种工程技术学科相结合的交叉学科,具备鲜明的创新性和应用性。仿生学的目的是研究并模拟生物的结构、功

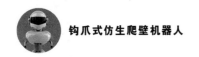

能、行为及调控机制,为工程科学提供新的设计理念、原理机制和系统构成。通过对自然界的生物学习、模仿、复制和再造,结合相关理论的技术方法已成为仿生学研究的重要趋势。群居的动物家族中,如白象家族,家庭成员间有严格的等级地位区别和职务分工。

目前仿生学已经涉及多个领域,其中机器人方向是仿生学的重要应用领域之一。人们通过研究生物运动仿生,实现爬壁机器人三维无障碍运动。

近年来,在国内外科研机构的努力下,爬壁机器人领域的研究取得了较大的进展。尤其在爬行时的快速性和稳定性上有了突破性的成果,目前已经形成了基于不同的附着方式和不同运动形式的多种类型的爬壁机器人。爬壁机器人的运动形式主要分为轮式、履带式和足式。轮式和履带式移动机器人移动速度较快,机动性能较好。足式机器人对地形的适应能力较好,有着较强的越障能力。根据机器人在壁面的附着方式,爬壁机器人可以分为负压吸附式爬壁机器人、磁吸附式爬壁机器人、黏附式爬壁机器人及钩爪抓附式爬壁机器人。负压吸附式爬壁机器人一般通过足端负压腔产生的真空负压提供吸附力使得足端吸附在墙壁上,并且通过负压腔的压力切换使得足端可以在光滑甚至粗糙的竖直表面爬行。这种吸附方式会产生相对较大的噪声,并且需要持续供电维持吸附状态。磁吸附式爬壁机器人大多采用轮式或履带式,只能附着于规则的钢铁等磁性物质的表面,例如轮船表面、大型罐体表面等。科学家们通过对壁虎脚掌的研究,研制出使用黏附材料作为脚掌的仿壁虎机器人。这种机器人采用与壁虎相似的步态,能够在光滑的竖直表面爬行。钩爪抓附式爬壁机器人主要是模拟动物足端的爪,通过爪与壁面间的嵌入式锁合实现附着。

本书从仿生角度出发,介绍自然界各种昆虫的前跗节脚爪结构及其相对应的附着方式与附着原理,并介绍国内外研究的各种钩爪式爬壁机器人,研制了基于柔性垫的钩爪式爬壁机器人和对抓钩爪式爬壁机器人。全书内容包括钩爪附着的基本原理分析、钩爪式脚掌的设计与实验、钩爪式爬壁机器人整机设计、爬壁机器人的运动步态规划和机器人的控制实现与调试等。

本章将详细介绍磁吸附式爬壁机器人、负压吸附式爬壁机器人、黏附式爬壁机器人等各种类型爬壁机器人的国内外研究进展。

1.2　磁吸附式爬壁机器人

磁吸附式爬壁机器人虽然只适用于导磁材料表面,但能产生较大的吸附力,不受壁面凸凹或裂缝的限制。根据磁吸附力的产生原理又可分为电磁式和永磁式两种:电磁式爬壁机器人维持吸附力需要电能,但控制较为方便;永磁式爬壁机器人不受断电的影响,使用安全可靠。目前,国内外的磁吸附式爬壁机器人以永磁式为主,只有极少数的采用电磁式。

1.2.1　国外磁吸式爬壁机器人

20 世纪 80 年代初,日本应用技术研究所研制了轮式磁吸附式爬壁机器人,该机器人靠磁性车轮对铁磁性壁面产生吸附力。如图 1.1 所示,机器人机身上装有机械臂与控制单元,机身下装有电机,电机驱动永磁体滚轮。永磁体滚轮在铁磁性表面滚动,行走稳定且速度较快,最大速度可达 9 m/min,该机器人能适应各种形状的壁面,且不易损坏壁面的油漆等材料。

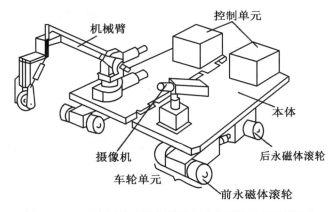

图 1.1　日本应用技术研究所的轮式磁吸附式爬壁机器人

1984 年,日本日立制作所研制出八足磁吸附式爬壁机器人,其足部安装有内外两组永磁体实现在壁面的移动。机器人内外两侧各有 4 只足,如图 1.2(a) 所示,每只足上有丝杠、电机和永磁体,结构如图 1.2(b) 所示。当电机打开时,丝杠将永磁体抬起,使足部脱离壁面。丝杠还可带动足部向前移动,爬行时内外侧足依次吸附、脱离,实现机器人在壁面的爬行。该机器人的缺点是足部起落及移动速度缓慢。

1985 年,日本东京工业大学设计了足轮结合磁吸附式爬壁机器人,如图 1.3 所示。足部设计为圆盘状,装上永磁体,吸盘内侧装有一个小轮与壁面之间保持一个很小的夹角。小轮转动可以使机器人快速移动,这样既可以产生与壁面的较大吸附力,也可以通过驱动小轮来驱动机器人快速移动。

1987 年,日本日立制作所还开发了履带式磁吸附式爬壁机器人,如图 1.4 所示,永磁体镶嵌在链条上构成磁性履带,履带内部装有多级联合的连杆,既保持了履带对不同表面的较强适应能力,又能使载荷均匀地分布到各个永磁体上,避免只有少数永磁体处于吸附状态的现象。

20 世纪 90 年代初,英国的 RTD 公司也推出了轮式磁吸附式爬壁机器人。机

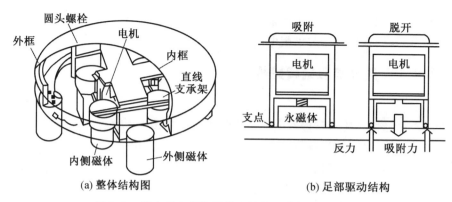

(a) 整体结构图　　　　　　　　(b) 足部驱动结构

图 1.2　　日本日立制作所的八足磁吸附式爬壁机器人

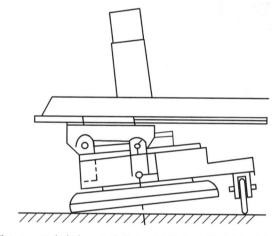

图 1.3　　日本东京工业大学的足轮结合磁吸附式爬壁机器人

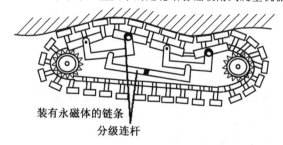

图 1.4　　日本日立制作所的履带式磁吸附式爬壁机器人

器人最高爬行速度为 12 m/min,且带超声检测与记录装置,每移动一定距离可以自动记录壁厚。该机器人已在市场上销售。

1994 年,澳大利亚联邦科学与工业研究组织(Commonwealth Scientific and Industrial Research Organisation,CSIRO)研制出了六足磁吸附式爬壁机器人,如图 1.5(a) 所示,与日本日立制作所的八足磁吸附式爬壁机器人相似,该机器人两足部也安装有两组电磁体实现爬壁运动。如图 1.5(b) 所示,机器人从上到下分为三层:下层是两组足,每组固定 3 只足,形成三角步态;中层为机架;上层为两个驱动电机,每个驱动电机控制一组足的移动,通过控制两个驱动电机轮流驱动两组足。一组足通电产生磁性吸附壁面时,另一组足断电脱离壁面。驱动电机将脱离的一组足驱动处于吸附状态的足的前面,然后通电产生吸附,另一组吸附的足再断电脱离,如此往复使得机器人能在壁面上行走。该机器人可以在水平、垂直和倒置表面上移动,自重为 55 kg,最大载荷为 10 kg,最大速度为 3 m/min。

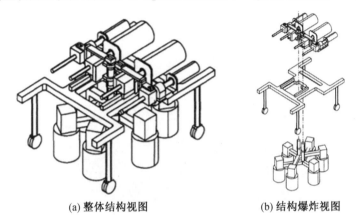

(a) 整体结构视图　　　　　(b) 结构爆炸视图

图 1.5　CSIRO 的六足磁吸附式爬壁机器人

1998 年,西班牙马德里工业自动化研究所研制成功一款足式爬壁机器人 REST－1,如图 1.6 所示。机器人足底安装有电磁铁,可以通过控制电流的大小和通断实现对磁力的调节。该机器人腿部有 3 个自由度,大大提高了灵活性,其壁面过渡能力强,能够实现在不同平面转换,但是该机器人存在机构和控制系统复杂、移动速度慢、系统稳定性差等缺点。

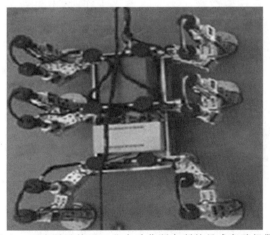

图 1.6　西班牙马德里工业自动化研究所的足式爬壁机器人

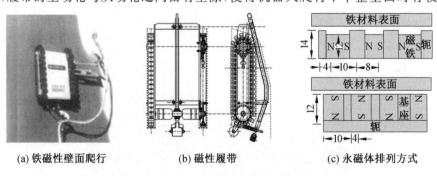

2002年,日本三菱重工业公司推出一种可转向的轮式磁吸附喷漆爬壁机器人,其使用永磁体滚轮吸附铁磁性表面,三段式机身结构实现转向。如图1.7所示,机器人分为前、中、后三部分,前部和后部分别装有前后轮,中部装有喷漆模块。前后轮两侧都设有两个起稳定作用的从动轮,前轮不仅装有驱动滚轮转动的电机,还装有驱动滚轮转向的电机。两个永磁体滚轮与铁磁性壁面产生吸附作用,通过电机的驱动在壁面上实现各个方向的移动。转向通过前轮实现,移动速度可达10 m/min,喷漆速度是1 m²/min。

图1.7 日本三菱重工业公司的轮式磁吸附喷漆爬壁机器人

2005年,加拿大Dalhousie大学研制了一款履带式磁吸附式爬壁机器人。该机器人使用多个永磁体制成磁性的履带在铁磁性壁面爬行,如图1.8(a)所示。机器人的机身两侧各装有一条磁性履带,如图1.8(b)所示。机身里装有电机以驱动传动轴,传动轴驱动履带里的主动轮,带动履带运动。履带上均匀地分布着永磁体,用于吸附在铁磁性壁面上。机器人工作时,电机通过传动轴驱动履带,履带运动时始终有稳定数目的永磁体与壁面吸附,实现机器人的爬壁功能。此外,履带的主动轮与从动轮之间留有空隙,使得机器人爬行不平整壁面时有较强

(a) 铁磁性壁面爬行　　(b) 磁性履带　　(c) 永磁体排列方式

图1.8 加拿大Dalhousie大学的履带式磁吸附式爬壁机器人(单位:mm)

的适应能力。针对不同厚度的铁磁性壁面,该机器人设计了两种永磁体排列方式,如图 1.8(c) 所示。爬行较厚壁面时,永磁体使用横向排列方式;爬行较薄壁面时,使用纵向排列方式。

2007 年,苏黎世联邦理工学院研制出了可在较薄钢质液化气储罐附着爬行的磁轮吸附式壁面缺陷检测机器人。图 1.9(a) 所示为机器人的磁轮结构,每个主动磁轮由 10 块相同的磁轮单元并联而成,如图 1.9(b) 所示,两台电机和行星减速器放置在磁轮的中心。单个磁轮单元在 1.5 mm 厚的钢板上能够产生70 N 的吸附力,但由于相近磁轮的饱和效应,10 个磁轮单元并列在一起只能产生 580 N 的吸附力,适当地增加磁轮单元间的距离可产生更大的吸附力。但由于受到机器人整体尺寸的限制,该机器人设计的磁轮单元间的间隙为 5 mm。

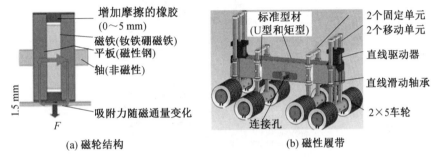

(a) 磁轮结构　　(b) 磁性履带

图 1.9　磁轮吸附式壁面缺陷检测机器人

2009 年,法国的 Fischer 等人也研制了一款永磁轮小型爬壁机器人,如图 1.10(a) 所示。该机器人由 6 个圆形的磁轮串联在一起构成一根完整的磁轮传动轴,如图1.10(b) 所示,轴端安装有传动齿轮,整个传动轴能够产生 50 N 的吸附力。该机器人可用于检测电机定子表面的缺陷。

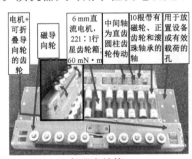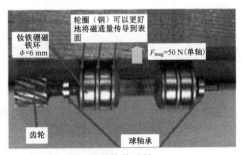

(a) 机器人结构　　(b) 磁轮传动轴

图 1.10　永磁轮小型爬壁机器人

2010 年,葡萄牙的 Tavakoli 等人研制了三臂全向轮永磁爬壁机器人,用可转向的永磁体轮配合多自由度臂实现在各种曲率半径的铁磁性壁面上的爬行。如

图 1.11 所示,该机器人机身通过扭转弹簧连接 3 个展开臂,使得展开臂具有适应不同曲率曲面的能力。每个展开臂上都装有磁轮,每个磁轮上都装有驱动电机。机器人采用的全向轮驱动方式使其拥有较好的机动性,通过控制滚轮的方向,可使其在壁面上任意转向爬行。

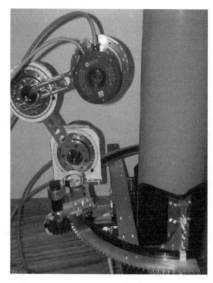

图 1.11　葡萄牙的三臂全向轮永磁爬壁机器人

2010 年,德国 KAMAT 公司采用气压马达驱动的方式,研制出了除锈爬壁机器人,如图 1.12 所示。该爬壁机器人利用双履带机构行走,本体重 90 kg,最大射流量为 40 L/min,除锈宽度为 250 mm,机架宽度为 700 mm,可以实现 0.4 m/min 无级变速,最小空气压力为 6 bar(1 bar＝0.1 MPa),最多携带喷嘴的数目为 8 个,除锈清洗速度可达 40.6 m²/h。

图 1.12　德国 KAMAT 公司的除锈爬壁机器人及控制器

2011 年,洛桑联邦理工学院基于磁吸附原理和履带结构,开发出了一种小型磁吸附式爬壁机器人,其整体结构如图 1.13(a) 所示。利用同步带镶嵌永磁铁,以减轻机器人总质量,其大小仅有 96 mm×46 mm×64 mm。该机器人利用多维度结构可以实现三维空间移动,如图 1.13(b) 所示。

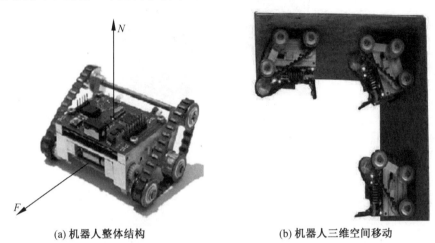

(a) 机器人整体结构　　　　　　　　(b) 机器人三维空间移动

图 1.13　小型磁吸附式爬壁机器人

2012 年,日本东京工业大学研制出了工作于退役的核反应堆的磁吸附式爬壁机器人。该机器人通过多个可组合的履带机构驱动永磁体在铁磁性表面移动,并配合多自由度的机械臂实现复杂壁面过渡,其运动轨迹如图 1.14(a) 所示。机器人的机身上连接 4 个机械臂,如图 1.14(b) 所示,机械臂有 6 个自由度,臂末端装有磁性履带,两个机械臂之间可以进行组合。通过控制机械臂的姿态可使机器人灵活地从地面爬上铁磁性壁面。通过改变机械臂之间的组合方式,可使机器人实现较大尺度的障碍跨越和壁面过渡。

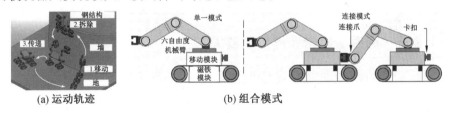

(a) 运动轨迹　　　　　　　　(b) 组合模式

图 1.14　东京工业大学的磁吸附式爬壁机器人

2020 年,新加坡科技设计大学 Raihan 等人提出了一种称为 Sparrow 的自主船体检测机器人,如图 1.15 所示,该机器人主要用于航运维修行业,以减少人工作业风险。该机器人能够在垂直金属表面上自主导航,并能够进行金属厚度检测,在厚度为 5 mm、8 mm 和 10 mm 的三种不同金属板上均能稳定附着,在无滑

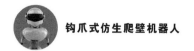

移运动方面表现出显著的性能优势。

图 1.15　Sparrow 自主船体检测机器人

2021 年，美国内华达大学 Nguyen 等人为了实现桥梁检测过程的自动化，提出了一种新型的磁吸附履带式自适应爬壁机器人，如图 1.16 所示。该机器人可以通过往复式机构和磁性滚子链在不同形状的钢结构建筑上攀爬，并可以在各种条件下（涂层、未涂层、生锈、未生锈）黏附在平坦和弯曲的刚表面，且能够通过摄像头和涡流传感器对钢结构进行疲劳裂纹检测。该机器人已经在 20 多座不同的钢桥上进行了试验验证，测试过程中均能牢固附着在具有不同倾斜度的钢结构上。

图 1.16　磁吸附履带式自适应爬壁机器人

1.2.2　国内磁吸附式爬壁机器人

国内的相关高校和研究机构对电磁式和永磁式两种类型的磁吸附式爬壁机器人开展了相关研究。

20 世纪 90 年代，哈尔滨工业大学机器人研究所从事了磁吸附式爬壁机器人的研究并成功研制了用于石油储罐涂层检测的磁吸附检测爬壁机器人，如图 1.17 所示。该爬壁机器人采用永磁块吸附，双履带移动爬行方式，通过固定在链条上的永磁吸附块随着链条的旋转而实现在壁面的吸附和脱离，从而实现机器人在壁面上的移动。该机器人能适应圆柱形储罐的内外表面，且具有抗倾覆机构，使吸附于罐面的磁块受力均匀，防止行走时倾翻掉落。

图 1.17　磁吸附检测爬壁机器人

　　此外,1999 年,哈尔滨工业大学机器人研究所还研制了用于水冷壁清扫及壁厚检测的爬壁机器人,如图 1.18 所示。该爬壁机器人能实现对电站锅炉水冷壁排管及火面浮灰的清扫、结焦的清除及排管壁厚度的自动检测。该机器人的爬行方式也采用永磁吸附式双履带移动方式。其本体结构包括履带、履带盒、主驱动电机、敲渣电机、测厚探头、敲渣锤、清扫刷和支承轮。爬壁机器人在履带上安装有数十个永磁吸附块,紧紧地吸附于壁面上。履带由链条与永磁吸附块组成,由一台交流伺服电动机通过谐波减速器驱动。固定在链条上的永磁吸附块随着链条的旋转而依次脱离壁面和吸附于壁面,从而实现机器人在壁面上的移动。通过链条传动带动摇杆机构,使钢丝刷做来回往复运动,实现对水冷管壁的清扫。敲渣电机带动棘轮棘爪机构,使钢锤间歇性地敲打水冷管壁表面,实现对管壁表面结渣部分的清除。通过安装在机器人本体上的 3 个超声波探头,实现对水冷管壁厚度的无损检测。系统可同时测量 3 个管子的壁厚,将测量结果记录存储。若管壁厚度低于极限值,则发出报警信号,并且在水冷壁面上打标记。

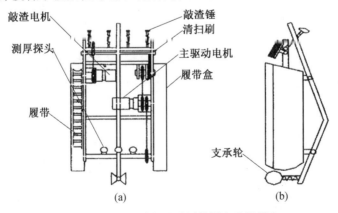

图 1.18　水冷壁清扫及壁厚检测爬壁机器人

　　2000 年,北京石油化工学院蒋力培等人研制了一款用于球罐全位置多层自动焊接的机器人,如图 1.19 所示。该机器人由柔性磁轮机构直接吸附在球罐表面实现全位置自动行走与焊接。柔性磁轮式行走机构包括左右两组磁轮、主板、十字链轴式连接机构和直流电机驱动机构。每组的各个磁轮在 X、Y 方向上有一定的自由度,能保证各磁轮与球罐表面紧密接触,磁力稳定可靠。柔性磁轮机构由左右两个直流电机驱动,在球罐表面的各个位置都能稳定爬行,包括前进、后退、转弯等多种运行方式。

图 1.19　球罐焊接机器人

　　2004 年,上海交通大学马培荪等人研制了基于稀土永磁均匀磁化且有别于传统普通吸盘结构的履带式多体磁化爬壁机器人,如图 1.20 所示。该爬壁机器人采用履带式,能在金属壁面上沿着规定路径爬行,可应用于大型油罐,借助其携带的相应检测设备能对油罐进行容积检测和安全检查。其特点是爬行速度快、控制方便,吸附方式采用永磁吸附,吸附力大、结构简单,无须外部供电。永磁吸盘的设计是保证爬壁机器人爬行的安全性、稳定性及对凹凸不平壁面的适应性的关键。履带式多体吸盘结构如图 1.20(b) 所示,包括导磁铁片、稀土永磁体、铝壳等。机器人通过增大永磁体的宽度来提高吸盘产生的吸力,其中永磁材

(a) 在竖直墙面上爬行

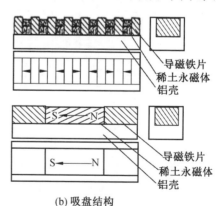

导磁铁片
稀土永磁体
铝壳

导磁铁片
稀土永磁体
铝壳

(b) 吸盘结构

图 1.20　履带式多体磁化爬壁机器人

料采用高性能的稀土永磁材料(NbFeB,牌号 NTS/210)。该稀土永磁材料的各向异性很强,一旦被磁化,其磁场强度将保持不变。衔铁材料选用纯铁或Q235 钢。

2007 年,重庆大学李敏等人研制了一款能在导磁面上运动的电磁驱动的微小型爬壁机器人,如图 1.21(a)所示,其尺寸为 30 mm×15 mm×20 mm,质量约 30 g。图 1.21(b)所示为微小型爬壁机器人的外形结构示意图,该微小型爬壁机器人采用电磁驱动技术,由前挡板、后挡板、软磁、驱动线圈、前脚、后脚、永磁铁、导轨、微小电机、小支架、扭簧、大支架和转轴组成。其中,大支架与微小电机固定连接,小支架与扭簧固定连接,扭簧和大支架通过支架上的导向孔实现滑动连接,大支架与小支架之间通过转轴连接,微小电机的轴固定在小支架上,小支架固定在前挡板上,前脚固定在微小电机上,后脚和永磁铁固定在后挡板上,软磁固定在前挡板上,前后挡板之间通过两对滑动导轨连接。利用通电软磁和永磁铁之间的相对运动来实现机器人的动作,即借助于由拉推式磁路组成的直线运动式磁力驱动器和门型坡莫合金软磁绕制的机器人脚线圈的相互配合,运用软磁和永磁铁之间"同极排斥、异极吸引"的原理,通过给驱动线圈加一系列时序脉冲控制信号改变软磁的极性或动作,达到模仿尺蠖的运动方式实现机器人爬壁的目的。

(a)机器人外观

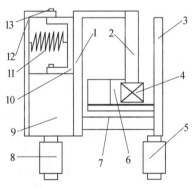

(b)机器人的外形结构示意图

图 1.21　电磁驱动的微小型爬壁机器人

1—后挡板;2—软磁;3—前挡板;4—驱动线圈;5—前脚;6—永磁铁;7—导轨;
8—后脚;9—微小电机;10—小支架;11—扭簧;12—大支架;13—转轴

2008 年,清华大学的桂仲成等人为解决爬壁机器人在复杂曲面上的吸附稳定性和运动灵活性,研制了一台永磁间隙式爬壁机器人,如图 1.22(a)所示,该机器人采用轮式移动方式。机器人为多体吸附结构,通过具有 2 个转动自由度的连接机构和轮式机构连接,并由被动的万向滚动轮部分完全支承在壁面上,可自动调节相对于壁面的位姿。由于其独特的柔性吸附原理,因此其能够适应一定曲面形貌的壁面,并兼顾良好的运动性能,如图 1.22(b) 所示。

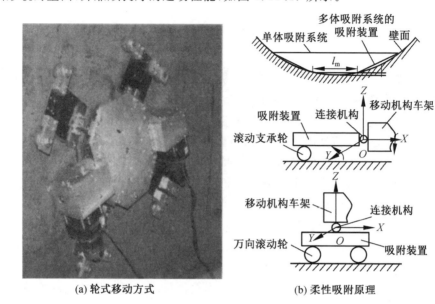

(a) 轮式移动方式　　　　　　　(b) 柔性吸附原理

图 1.22　永磁间隙式爬壁机器人

　　2011 年,上海交通大学的闻靖也研制了用于储油罐清洗和检测工作的变磁力式爬壁机器人,如图 1.23 所示,该机器人的机械结构包括主机板、磁盘驱动机构、变磁力吸附机构和转向调节机构。机器人通过左右两个永磁圆盘作为主驱动轮驱动其运动,这两个磁盘分别由一台直流伺服电机通过减速器驱动。当两个磁盘轮旋转方向相同时,机器人本体实现前后方向运动;当两个磁盘轮旋转方向相反时,机器人本体实现左右偏转运动。

图 1.23　变磁力式爬壁机器人

2014 年,宁波大学的陈伟研制了可在弯翘曲面行走的船体抛光小型机器人,如图 1.24(a) 所示。图 1.24(b) 为该机器人结构示意图,包括驱动系统、吸附系统和自适应机构。驱动系统主要采用双排单耳链条作为吸附系统的载体,电机安装在主动轮上,旋转轴上安装有一对同步轮,用于增大移动的驱动力并驱动主动轮和从动轮同步移动。吸附系统的垫板安装在单耳链条上,垫板上方有永磁铁,用橡皮将永磁铁封装,防止在运动过程中由于强力吸附而导致永磁铁损坏。该机器人是在链条形成的封闭区间内安装有一定数量的弹簧阻尼器,在阻尼器下方加上滚轮,滚轮会随着弹簧阻尼器的作用,一直贴在链条上,这样滚轮在链条内壁滚动的同时还能垂直于运动方向进行运动。这样不仅能提高永磁铁的吸附效率,还能保证带有吸附系统的链条一直贴在钢制壁面上行走。

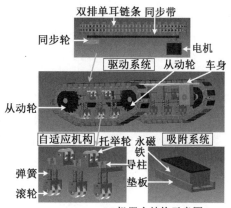

(a) 船体抛光小型机器人　　　　　(b) 机器人结构示意图

图 1.24　船体抛光小型机器人弯翘曲面行走系统

　　2014 年,河北联合大学的姚洪平与河南省开封市技师学院的尚晓新针对高空抢险救灾作业、墙体清洗、石化管道外壁检测等实现起来难度较大的作业任务,研制了一款"章鱼"爬壁机器人,如图 1.25 所示。该机器人选用电磁铁作为吸盘,具有结构紧凑、体积小、吸力大、全密封、环境适应性强等特点。机器人的机械结构主要由身体、左右足(包括由吸盘电磁铁等零件构成的吸附机构)和工作机构(机械爪、摄像机、照明装置等)等组成。机器人左右足的结构借鉴了章鱼腕足的结构,整体呈流线型,能有效减小黏滞阻力。电磁铁吸盘的灵感来源于章鱼的肉质吸盘,电磁铁可在弹簧和液压系统的控制下伸缩,满足机器人的吸附稳定性要求。爬壁机器人采用吸盘电磁铁作为机器人吸盘的动力来源,通过电磁铁的通断电来实现对被吸附平面吸附与脱附的控制,为机器人的运动规划控制提供固定约束依据。

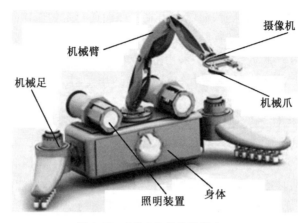

图 1.25 "章鱼"爬壁机器人

2016 年,西安交通大学的徐海波等人发明了一种四足式电磁吸附式爬壁机器人,如图 1.26 所示,该机器人由底盘、行走腿部和足部吸附装置三部分组成。足部吸附装置磁盘包括磁盘安装板和电磁吸盘,磁盘安装板通过被动球铰与多关节串联机构连接。机器人爬行过程中,腿部各关节的旋转动作与足部电磁阀开关的开合状态可协调实现机器人灵活攀爬平面、柱面甚至任意曲率的球面,实现转弯、横向移动等动作。该机器人弥补了常规爬壁机器人爬壁过程中的不足,很好地解决了壁面吸附与移动作业之间的矛盾,提高了爬壁机器人在实际工程应用中的柔性和适应性。

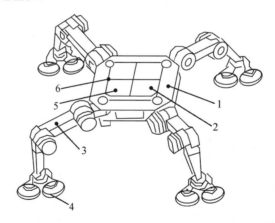

图 1.26 四足式电磁吸附式爬壁机器人

1— 底盘;2— 附加工装;3— 行走腿部;4— 足部吸附装置;
5— 安装螺纹孔;6— 型槽行走腿部

2017 年,广西大学的张铁异等发明了一种履带式电磁吸附式爬壁机器人,外观结构如图 1.27(a) 所示,该机器人由履带、连接板、电磁铁、承重轮、组合飞轮及直流电机组成,履带结构组成如图1.27(b)所示。电磁铁置于连接板的下方并穿插在履带中间,连接板与支承架之间加有减震弹簧,前后两个复合齿轮由支承架连接并与履带链条啮合,电磁铁左右两端由多块尺寸不同的 E 型电磁铁串联而成。该机器人可以在一些大型机械、桥梁、钢材建筑等壁面爬行,承担勘察、维修等任务,完成人们难以胜任的工作。

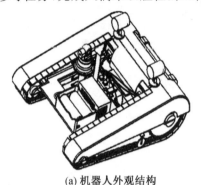
(a) 机器人外观结构

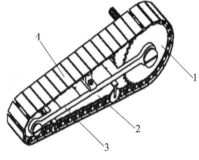
(b) 履带结构组成

图 1.27　履带式电磁吸附式爬壁机器人
1— 承重轮、组合飞轮;2— 电磁铁;3— 连接板;4— 履带

2017 年,长春理工大学的董华伦等人提出了一种智能永磁吸附式爬壁机器人,其履带式行走机构如图1.28(a)所示。该机器人采用履带式行走机构,可实现对壁罐的快速准确检测,弥补了人为检测速度慢、时间周期长的缺点。磁力吸附机构是该机器人的核心机构,如图1.28(b)所示,该磁力吸附机构由多个磁力吸附单元组成,每个磁力吸附单元通过螺母螺栓来调节与罐壁距离的大小,从而调节磁力大小,实现变磁力吸附。永磁体选用钕铁硼材料,该材料质量轻、体积小,但具有较大的磁吸附力。

(a) 履带式行走机构

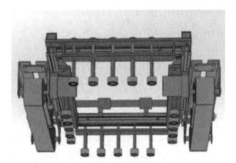
(b) 磁力吸附机构

图 1.28　智能永磁吸附式爬壁机器人

2018 年,浙江大学海洋学院和金海重工股份有限公司合作研制了一款面向船舶维护和检测的永磁吸附式爬壁机器人,如图1.29所示。该机器人采用轮式

行进方式,并安装有超高压旋转喷头组件和真空清洗盘,能够实现除锈和含锈废水的回收。

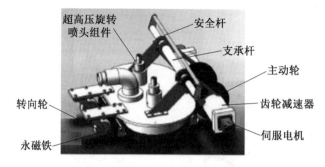

图 1.29 浙江大学永磁吸附式爬壁机器人

2018年,常州大学张学剑等人研制了一款应用于流化床锅炉水冷壁壁厚检测的永磁吸附式爬壁检测机器人,如图1.30(a)所示。该机器人采用永磁体吸附,履带式移动。机器人本体由爬行驱动机构、永磁吸附装置和超声波无损检测机构等组成,如图1.30(b)所示。爬壁机器人通过装有特制永磁铁的履带紧紧地吸附在锅炉壁面,电机通过蜗轮蜗杆减速后带动链轮,链轮带动链条运转,从而使机器人运动,并驱动车体向上爬行。

(a)锅炉水冷壁壁厚检测

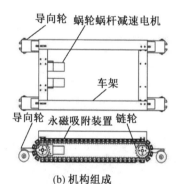

(b)机构组成

图 1.30 永磁吸附式爬壁检测机器人

2019年,南京航空航天大学仿生结构与材料防护研究所吉爱红等人研制了用于环境监测的磁吸附式柱面自适应爬壁机器人,如图1.31(a)所示。该机器人设计了两块角度可变的底板,两块底板通过合页连接,当永磁铁与铁磁性柱面作用时,两块底板分别通过轮子与柱面接触。机器人以不同方向爬行于柱面时,如图1.31(b)所示,两块底板通过合页随时从动地调节至适应的角度。底板的主动轮之间安装永磁体,在保证整体吸附力足够搭载传感器等载荷的条件下,将吸附力分布至主动轮附近,可保证主动轮与柱面产生足够的摩擦力,进而驱动机器人在柱面上稳定爬行。机器人的两个主动轮可灵活地正反转动,因此机器人具有灵活的避障和越障能力。通过机身上安装的温度传感器和有害气体检测传感器,机器人的主控模块可实时记录有害气体等环境数据,并通过无线数据发射模块将数据发送至计算机,实现对环境的实时监测与分析。

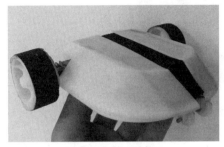

(a) 机器人外观结构　　　　　　　　(b) 柱面爬行演示

图 1.31　用于环境监测的磁吸附式柱面自适应爬壁机器人

2020 年,中国石油大学的樊建春等人研制了一种基于金属磁记忆检测技术的磁吸附式爬壁检测机器人,用于探测油罐等高空设施,如图 1.32 所示。该机器人基于双模块机构、防倾覆机构、检测机构和磁吸附模式进行设计。爬壁机器人在垂直表面的有效载荷能力为 10 kg,并能在 10 mm 的最大高度上攀爬,且能够发现直径为 4 mm、深度为 1 mm 的圆形凹槽。

图 1.32　中国石油大学磁吸附式爬壁检测机器人

2020 年,沈阳仪表科学研究院的安磊等人设计了一种用于船舶除漆的永磁吸附式爬壁机器人,如图 1.33 所示。该机器人采用轮式行进机构,每一个行走轮有两个轮胎,两个轮胎之间有一条皮带起防护作用。永磁体安装在铝合金板上,铝合金板安装在减速电机下方,永磁体与船舶钢板壁面之间有一定气隙。

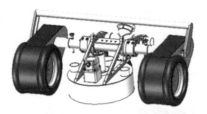

图 1.33　船舶除漆的永磁吸附式爬壁机器人

1.3　负压吸附式爬壁机器人

负压吸附式爬壁机器人采用的吸附方式有很多,常见的有径流式离心风扇、文丘里管、龙卷风模拟及真空泵等。

1.3.1　国外负压吸附式爬壁机器人

1991 年,英国朴次茅斯大学研制了 ROBUG 系列八足爬壁机器人,图 1.34(a) 所示为用于核电站检测及维护的仿螃蟹机器人,图 1.34(b) 所示为仿蜘蛛机器人,其采用真空吸附的方式,可用于对核电站的维护检测。机器人尺寸为 $0.6 \text{ m} \times 0.8 \text{ m} \times 1.0 \text{ m}$,负载为 25 kg,最高移动速度为 6 m/min。通过电源、通信和视频输入来进行半自动控制。腿部为 3 个连杆,通过气缸驱动,具有 4 个自由度,可实现机器人全方位运动。

(a) 仿螃蟹机器人　　　　　　　　　　(b) 仿蜘蛛机器人

图 1.34　ROBUG 系列八足爬壁机器人

1994 年,日本东京工业大学研制了真空吸盘式爬壁机器人 NINJA,如图1.35

所示。该机器人采用了腿式结构,足端装有真空吸盘,腿部为三自由度并联机构,利用绳传动机构驱动各足,使机器人具有地面至壁面、壁面至天花板、壁面至相邻壁面的过渡功能,可在不同表面上爬行并且具有较高的静载荷能力。机器人尺寸为 500 mm×1 800 mm×400 mm,质量为 45 kg。

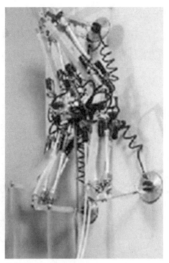

图 1.35　爬壁机器人 NINJA

1997 年,莫斯科理工大学研制出了用于大型壁面和窗户清洗的单吸盘结构爬壁机器人。该机器人利用径流式离心风扇产生真空负压提供吸附力,防止其从壁面掉落。空气从与墙壁接触的地方流入,从风扇四周排出,形成较大程度的负压,如图 1.36 所示,吸盘的腹部还有 4 个驱动轮,机器人可以在壁面实现各个方向的运动。

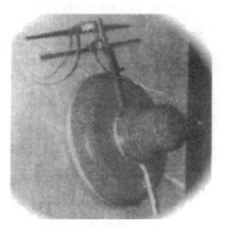

图 1.36　单吸盘结构爬壁机器人

2004 年，美国密歇根州立大学研制了双足式负压吸附小型爬壁机器人 FLIPPER。该机器人由电机驱动一套曲柄连杆机构带动吸盘内气缸活塞的运动，不断往复地抽取气体使得吸盘内气压不断下降，直到满足压强要求为止。该机器人设计两种关节结构：如图 1.37(a) 所示的机器人由 5 个运动关节构成，包括 1 个移动关节和 4 个转动关节，机器人采用模糊控制方式，通过有限状态机制来描述其运动状态；如图 1.37(b) 所示的机器人仅由 4 个转动关节构成，这样的机构及控制方式能够使得机器人在墙壁、天花板及两过渡表面之间顺利爬行。

 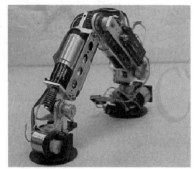

(a) 五关节机器人　　　　　　　　(b) 四关节机器人

图 1.37　两种双足式负压吸附小型爬壁机器人 FLIPPER

文丘里管产生的负压是流体在高速喷射时突然扩张产生的负压差，利用该原理可以设计爬壁机器人。2004 年，英国朴次茅斯大学和德国卡尔斯鲁厄大学共同开发的 Bigfoot 系列大脚机器人就采用了这样的设计，如图 1.38 所示。机器人负压达 50 kPa，可以越过 2 cm 高的障碍，可在一定曲率半径的墙壁上灵活运动。

图 1.38　Bigfoot 系列负压爬壁机器人

2004 年，美国航空电子仪表公司利用旋风原理开发了 CLIMBER Ⅲ 爬壁机器人，如图 1.39(a) 所示，其应用了旋风模拟技术，通过一个特制的风扇在机器人负压腔内形成一个特殊构形,如图 1.39(b) 所示。不考虑空气重力的作用,气体的静压强随旋转容器的半径按二次方增大,在边界半径最大处认为气体静压强为空气标准大气压,中心由流体微元形成漩涡。漩涡中心处产生一个很大的吸力对漩涡区外的流体具有很强的抽吸作用,于是在爬壁机器人中心形成气压小于标准空气大气压的负压区。当风扇与负压腔同时旋转达到风扇工作平衡点时,爬壁机器人负压腔内形成一个模拟的龙卷风低压区,内外压差产生正压力使机器人吸附在墙壁上。此时风扇吸入的气体流量等于风扇四周排出的气体流量,理论流入爬壁机器人内的空气流量为零。这种吸附的一个突出特点是机器人的负压腔与外界没有直接接触,只需保证负压腔边缘与墙壁保持一定的距离,负压产生的压力均作用在机器人本体上,不存在机器人密封圈和墙壁之间的摩擦阻力,因而机器人具有极其灵活的运动性能。

(a) 利用旋风原理开发的爬壁机器人　　　　　(b) 负压腔的行程构形

图 1.39　CLIMBER Ⅲ 爬壁机器人

2006 年,意大利卡塔尼亚大学研制的 ALICIA 爬壁机器人采用了离心风扇提供负压。不同于真空泵,离心风扇可以提供更大的抽吸流量,甩出腔内的气体形成负压,一般在 40 kPa 左右,但是通常要采用密封机构来保持负压差。机器人通过三个吸盘交替运动工作,如图 1.40(a) 所示,可以跨越较大的障碍,也提高了负载能力。如图 1.40(b) 所示,每个吸盘外径为 300 mm,质量为 4 kg,行走速度为 2 m/min,负载为 10 kg。

2007 年,纽约市立大学肖继中研究的爬壁机器人 City Climber,如图 1.41 所示,同样采用了类似的离心风扇产生负压,可以在非光滑壁面上爬行,执行侦查、清扫、搜救等任务。

2008 年,韩国首尔研制的真空吸附式爬壁机器人采用履带式设计,如图1.42 所示。每条履带安装 24 个真空吸盘,使得该机器人获得了比腿式机器人更加高的真空吸附效率和吸附力,其在壁面上的爬行速度达到 15 m/min。

(a) 吸盘交替运动工作 (b) 吸盘结构

图 1.40 ALICIA 爬壁机器人

图 1.41 爬壁机器人 City Climber

图 1.42 履带式真空吸附式爬壁机器人

2020 年，英国苏格兰大学工程学院 Sayed 等人设计了一款基于模块化、无约束的混合式软硬件机器人——Limpet Ⅱ，如图 1.43 所示，为了实现对不同表面的稳健黏附，该设计开发了基于 EMM 的黏附模块，其中黏附机制基于负压黏附。黏附模块还包括吸盘、真空泵、微型电磁阀和压力传感器。通过机身自带的9 种传感器来试验检查和监视海上能源平台。

图 1.43　Limpet Ⅱ 机器人

2020，韩国国防技术质量院 Kim 等人设计了一款基于自动驾驶的核辐射检测爬壁机器人，如图 1.44 所示，通过主动密封和真空抽吸技术，可以将现有机器人移到困难的地方，此外还可以在干燥的木桶等存储地方进行无损检测和辐射测量。

图 1.44　核辐射检测爬壁机器人

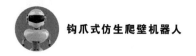

1.3.2　国内负压吸附式爬壁机器人

国内的高校和研究院所面向检测、检查、清洗等需求也研制开发了各种类型的负压吸附式爬壁机器人。比较典型的是哈尔滨工业大学、上海交通大学、北京航空航天大学、北京理工大学、浙江大学和中科院沈阳自动化研究所等开发的爬壁机器人。

2004 年，上海交通大学研制的负压吸附式爬壁机器人如图 1.45 所示，该机器人采用外接能源的方式，其真空组件采用吸尘器的风机作为负压发生装置。吸尘器风机旋转，抽吸机器人密封腔内的空气，当抽吸的空气与泄漏空气达到平衡时，负压腔内产生一定程度的负压，产生的负压在机器人吸盘上产生吸附力，使得机器人吸附在壁面上。采用吸尘器风机作为负压发生装置的爬壁机器人具有良好的墙壁适应能力，但是存在噪声偏大的缺点。机器人运动机构均采用双轮驱动机构，机器人可以在竖直壁面上较为灵活地移动，但是由于密封机构与壁面之间的摩擦阻力较大，因此存在密封机构容易磨损的缺点。

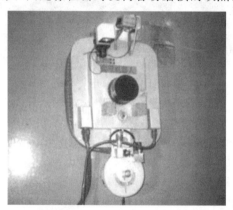

图 1.45　上海交通大学负压吸附式爬壁机器人

图 1.46(a) 所示是 2016 年哈尔滨工业大学研制的一款五自由度尺蠖式壁面移动机器人。该机器人具有 2 个踝关节和 1 个膝关节，各关节由直流伺服电机驱动，踝关节的末端固连智能吸附足，真空泵集成于吸附足内，如图 1.46(b) 所示。真空泵在电机的驱动下，通过曲柄连杆机构的作用，使气缸内的活塞做往复运动产生负压。当活塞在气室内从左端向右端活动时，气缸的左腔体积不断增大，气缸内气体的密度减小而形成抽气过程，此时容器中的气体经过吸气阀进入泵体左腔。当活塞达到最右位置时，气缸内就完全充满了气体。接着活塞从右端向左端运动，此时吸气阀关闭。气缸内的气体随着活塞从右向左运动而逐渐被压缩，当气缸内气体的压强达到或稍大于大气压时，排气阀被打开，气体排到空气中，完成一个工作循环。当活塞再自左向右运动时，又吸进一部分气体，重复前

一循环。如此反复下去,直到被抽容器内的气体压力达到要求时为止。机器人踝关节通过结构紧凑的差速机构实现 2 个转动自由度,膝关节具有 1 个转动自由度。该结构使得机器人具备蠕动、翻转及旋转等多运动方式和壁面过渡的能力。锂离子聚合物电池提供能源,实现了机器人的无缆化。

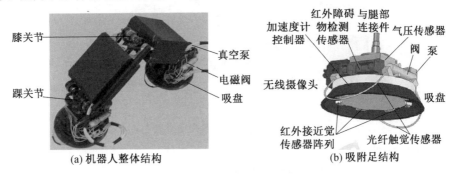

(a) 机器人整体结构　　　　　　(b) 吸附足结构

图 1.46　五自由度尺蠖式壁面移动机器人

2007 年,中国科学院沈阳自动化研究所研制了一款微小型双吸盘爬壁机器人,如图 1.47 所示。该机器人的双足采用负压式吸盘,4 个旋转副和 1 个移动副组成五自由度(RRPRR)三电机驱动的欠驱动机构。根据两组齿条齿轮传动机构的解锁状态,机器人具有双锁死状态、伸长解锁模式、缩短解锁模式三种模式。通过基于主动试探的机器人着地点选择运动控制方法,使机器人在欠平滑壁面上找到合适的着地点,实现可靠移动。

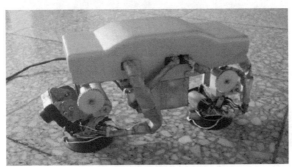

图 1.47　微小型双吸盘爬壁机器人

2007 年,北京航空航天大学研制了一款小型双吸盘爬壁机器人,如图 1.48 所示。每个吸盘由多个小吸盘组成,振动机构和气体释放机构组成的吸附系统驱动多个小吸盘与壁面交替吸附,吸盘与稳定保持器之间通过弹簧连接以隔离吸盘振动对机器人的影响。机器人通过三关节机构实现移动、转向、地壁过渡等运动。机器人质量为 720 g,尺寸为 214 mm × 104 mm × 93 mm,速度超过 2 m/min。

图 1.48　小型双吸盘爬壁机器人

2008 年,北京航空航天大学还研制了一款仿尺蠖双吸盘爬壁机器人,如图 1.49 所示。该机器人采用模块化设计,基本模块为吸附模块和连接驱动模块,将两个基本模块通过串联组合构成多吸盘串联式的爬壁机器人。

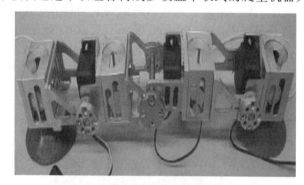

图 1.49　仿尺蠖双吸盘爬壁机器人

2008 年,哈尔滨工业大学研制了一系列用于反恐侦察的爬壁机器人。图 1.50(a) 所示为盒状负压式爬壁机器人外观结构。机器人遵循质量轻、小型化、无线化、低噪声的思想。负压吸附系统由离心风机和吸盘组成,其中离心风机由电机和离心风扇组成,如图 1.50(b) 所示。机器人吸盘在密封机构作用下形成一个相对密封的负压腔。离心风机抽取吸盘内的空气,当吸盘的泄漏量和风机的抽吸量大致相等时,吸盘内负压形成。爬壁机器人通过内外压差的作用力吸附在墙壁上。

2009 年,上海交通大学研制了一种三吸盘爬壁机器人,如图 1.51 所示。该机器人吸盘体的材料为形状记忆合金,吸盘体积的增大由形状记忆合金产生的弹性变形实现,弹性变形可使吸盘体积增大从而产生负压。三个吸盘通过一个三角形闭链移动机构连接起来,由两个电机驱动的直线移动副实现机器人的移动。

(a) 机器人外观结构

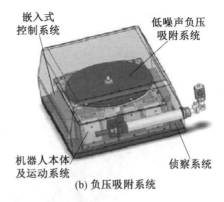

嵌入式
控制系统

低噪声负压
吸附系统

机器人本体
及运动系统

侦察系统

(b) 负压吸附系统

图 1.50　盒状负压式爬壁机器人

图 1.51　三吸盘爬壁机器人

　　2012 年,北京理工大学研制了一款负压吸附式爬壁机器人,如图 1.52 所示,该机器人在自制的轮毂外套上特制橡胶,以加大驱动轮与壁面的摩擦系数。通过一套齿轮传动实现的驱动电机的非对称结构,以有效地减小本体自重和机器人重心与壁面的距离。样机质量为 2.6 kg,高度为 5 cm,直径为 30 cm,负载能力为 2 kg,续航时间为 30 min。

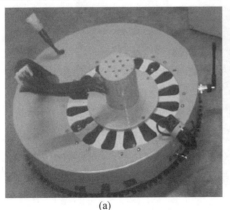

(a)

(b)

图 1.52　北京理工大学负压吸附式爬壁机器人

浙江大学于 2018 年研制了一款负压吸附式爬壁机器人,如图 1.53 所示,该机器人采用方形旋流吸附装置和带有微小凸起的轮式结构,通过真空吸附的方式增大轮子与粗糙壁面之间的摩擦力,从而实现轮式机器人在粗糙壁面的稳定攀爬。

图 1.53　浙江大学负压吸附式爬壁机器人

2020 年,兰州理工大学机电工程学院何智等人设计了一种基于旋翼负压混合吸附的爬壁清洗机器人,如图 1.54 所示,并以清洗玻璃实际工况为基本条件,分析了爬行和越障两个基本功能,试验结果表明,机器人可以稳定地在玻璃壁面上爬行并且可以越过高 15 mm 的障碍。

图 1.54　旋翼负压混合吸附的爬壁清洗机器人

2020 年,中国科学技术大学的刘进福等人设计了一种基于真空吸附系统和黏附轮行走结构的多模式轮履型仿生爬壁机器人,如图 1.55 所示,他们对爬壁机器人工作时的附着机制、动态模型进行了研究,并在不同的壁面上进行了试验,结果表明,该爬壁机器人在混凝土壁面上的最大移动速率和最大负载分别为 7.

11 cm/s 和0.8 kg;在陶瓷装壁面上的最大移动速率和最大负载分别为 5.9 cm/s 和 0.75 kg;在石灰壁面的最大移动速率和最大负载分别为 6.09 cm/s 和 0.85 kg;在丙烯酸壁面的最大移动速率和最大负载分别为 5.9 cm/s 和 1.0 kg,表明该机器人具有很高的稳定性和适应性。

图 1.55　多模式轮履型仿生爬壁机器人

1.3.3　涵道风扇压附式爬壁机器人

基于空气推力的爬壁机器人,除了负压吸附式,国内外还研制了一种涵道风扇压附式爬壁机器人,采用涵道风扇的反推力,使得机器人压附在壁面上。负压吸附的方式和涵道风扇压附的方式都是为了增大机器人轮子或足部与壁面间的摩擦力,从而使机器人实现稳定攀爬。涵道风扇压附式爬壁机器人还可在具有一定粗糙度但相对平整的壁面上爬行。

2013 年,中南大学研制了一款斜推式爬壁机器人,如图 1.56 所示。该机器人主要由底盘和旋动喷气装置组成,能在任意角度的平面内 360° 行驶、转向及悬停,采用涵道风扇产生的斜推力可使机器人吸附在垂直粗糙壁面并完成相关任务。斜推式爬壁机器人在墙面适应性、运行速度、可靠性方面具有很大优势。

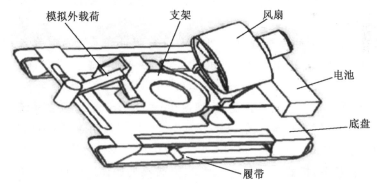

模拟外载荷　　支架　　风扇
电池
底盘
履带

图 1.56　基于涵道风扇的斜推式爬壁机器人

2014 年,印度 Trivandrum 大学研制了一款基于涵道风扇的压附式爬壁机器人,如图 1.57 所示。该机器人由一个无刷电机和四个直流电机驱动,可以像四驱车在地面移动一样在粗糙壁面爬行,自重仅 600 g,可带 300 g 的摄像模块一起运动。通过涵道风扇提供的反向推力使得机器人压附在壁面,功率为 400 W,涵道风扇转速为 19 400 r/min,可提供的最大推力为 2.9 kg,爬升速度可达 25 cm/s。

图 1.57　印度 Trivandrum 大学的涵道风扇压附式爬壁机器人

1.4　磁气混合式爬壁机器人

磁吸附式机器人受限于磁性表面,负压吸附式机器人只能在较为平滑平整的表面附着。国内外科研机构将两者结合起来,利用各自的优点,开发了磁气混合式爬壁机器人。

2001 年,美国卡耐基梅隆大学机器人研究所研制了世界上著名的机器人 M3500 系列,如图 1.58(a) 所示。该机器人采用磁吸附和真空吸附的混合吸附方式,外形尺寸为 1 710 mm×690 mm×560 mm,框架材料为铝钛合金,机器人本体重 222 kg,采用两台电机进行驱动,速度可达 510 mm/s。控制系统采用无级调速,除锈宽度达到 380 mm,射流压力为 3 000 bar,除锈效率可达 268 m²/h。机器人的行走吸附机构如图 1.58(b) 所示,两块相对吸附力较小的永磁铁安装在关节式行走机构下,机器人可以灵活附壁,有较高的壁面适应性。该机器人不能在船舶的非结构化壁面上行走,机构比较笨重,需要进一步小型化,制造和维护成本较高。

(a) M3500 机器人

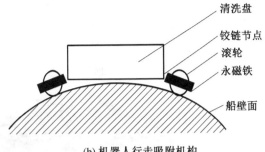

(b) 机器人行走吸附机构

图 1.58　M3500 磁气混合式爬壁机器人

2008 年,大连海事大学船舶机电装备研究所也研制了一款为船舶表面自动除锈的永磁真空混合吸附爬壁机器人,如图 1.59(a) 所示。该爬壁机器人采用履带式行走机构,履带由链条和永磁吸附单元构成,永磁吸附单元内嵌有钕铁硼永磁体吸附在船壁表面上,实现永磁和清洗器内真空负压混合吸附。采用两台电机提供动力,通过控制各个电机的不同转速来实现转向。同时,电机提供的驱动力矩使嵌有永磁吸附单元的履带在金属壁面上运动,考虑到其输出转矩比较小且转速较高,须经减速机降速同时提高转矩,然后才能驱动本体运动。机器人的驱动由步进电机经谐波减速器减速后带动链轮,链轮带动链条运转,从而使机器人运动。为减小机器人外形体积,两台驱动电机及其减速机呈对角布置,结构如图 1.59(b) 所示。机器人自重为 11 kg,越障高度为 5 mm。本体上装有超高压清洗器,通过地面超高压泵组系统提供的超高压水射流实现对船壁表面的除锈,地面的真空回收系统实现对锈渣的回收,地面遥控器实现爬壁机器人的控制,如图 1.59(b) 所示。

(a) 机器人外观结构

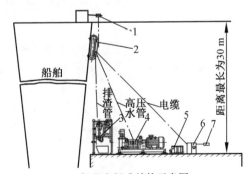

(b) 机器人组成结构示意图

图 1.59　永磁真空混合吸附爬壁机器人

1— 卷扬机;2— 爬壁机器人;3— 真空回收系统;4— 超高压泵组;
5— 泵前水处理器;6— 综合控制柜;7— 遥控操纵盒

2009年,哈尔滨工程大学研制了磁力推力复合吸附式爬壁机器人,如图1.60所示,磁履带和推力器组成的复合吸附机构由吸附机构、驱动机构、清刷机构、控制箱等构成。移动速度可达8 m/min,负重能力为400 N,工作水深可达水下20 m,可为船体表面清刷海洋污损物。

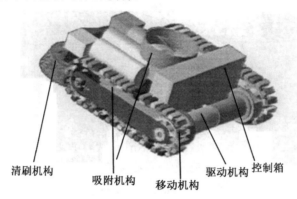

清刷机构　　吸附机构　　移动机构　　驱动机构　控制箱

图1.60　磁力推力复合吸附式爬壁机器人

2011年,合肥通用机械研究院研制了一款磁隙式爬壁机器人,如图1.61所示,将真空吸盘式与磁吸式相结合,互补增强机器人的吸附效应。该爬壁机器人由机器人机架、磁隙吸附行走机构、真空负载腔、喷头旋转的驱动机构组成。两套磁隙吸附行走机构对称安装于机器人机架上,行走机构上共布置8组强磁永磁

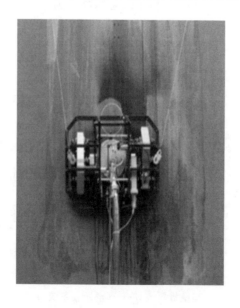

图1.61　磁隙式爬壁机器人

铁吸附单元,磁隙调节装置调节吸附单元与壁面的磁隙,使吸附单元不与壁面接触。每套行走机构由一个气动马达驱动履带转动,从而带动爬壁机器人附着爬行。真空负载腔内装有水射流旋转喷头,其壳体的边缘以一个柔软的密封裙边接触壁面。机器人机架在 4 个气缸的作用下保证真空腔均匀触壁,形成良好的真空密封。真空腔与机架之间采用柔性连接,使机器人行走和转向时真空腔能相对于机架转动。水射流喷头旋转的驱动机构是一组以气动马达为动力的传动机构,安装于真空腔壳体表面。

1.5　黏附式爬壁机器人

黏附式爬壁机器人主要仿照动物在壁面的附着原理,研制发明黏附材料,使机器人附着在壁面上。黏附式爬壁机器人分为干黏附附着和湿黏附附着两种类型。干黏附附着的附着方式简单清洁,不需要黏液,因此应用前景更为广泛,目前的黏附式机器人也以干黏附附着为主。

基于干黏附附着的仿生爬壁机器人,最早的一款是美国斯坦福大学的 Stickybot,如图 1.62(a)所示,黏附材料是模仿壁虎刚毛的微观结构而设计的一排排小型有角度的聚合物结构,能在玻璃、塑料和瓷砖等光滑的垂直表面上以 4 cm/s 的速度运动。 加拿大西蒙弗雷泽大学设计了仿蜘蛛式爬壁机器人 Abbigaille,如图 1.62(b)所示,黏附材料是由 PDMS(聚二甲基硅氧烷) 制成的黏附阵列,可以在不平坦的表面上垂直攀爬,也可以实现水平垂直墙面的过渡运动,甚至可以进行 4 h 的连续攀爬和高达 7 h 的墙面"散步"运动。加州大学伯克利分校(图 1.62(c))、卡耐基梅隆大学(图 1.62(d))也都研制了基于仿刚毛黏附材料附着的爬壁机器人,实现在光滑壁面上爬行。

2020 年,美国田纳西理工大学 W. Demirjian 等人研制出一款基于干黏合剂和柔性悬架的履带式攀爬机器人,如图 1.63 所示,该机器人使用干黏合剂产生牵引力,并采用被动悬架以优先方式将攀爬载荷分布在履带上。该过程同时考虑了轨道表面界面处黏合材料的行为以及整个接触表面上的黏合力分布。基于干胶的攀爬机器人可以设计为实现高有效载荷并且具有可扩展性,从而使它们能够用于以前认为使用干胶无法实现的应用。

国内的仿刚毛黏附的爬壁机器人在最近几年也有较大的发展和进步。2011 年,中国科学技术大学推出了一款采用仿壁虎微纳米黏附阵列材料制作的仿壁虎爬壁机器人(图 1.64(a)),实现了机器人脚掌的外翻和展平,机器人按照预期的步态能够在 30° 的斜面上进行爬行。项目申请人团队研制的 IBSS_Gecko 爬壁

(a) 斯坦福大学的Stickybot机器人

(b) 西蒙弗雷泽大学的Abbigaille机器人

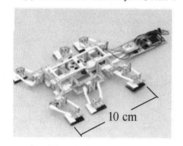

(c) 加州大学伯克利分校的爬壁机器人

(d) 卡耐基梅隆大学的爬壁机器人

图1.62　国外研制的基于仿刚毛足垫黏附的爬壁机器人

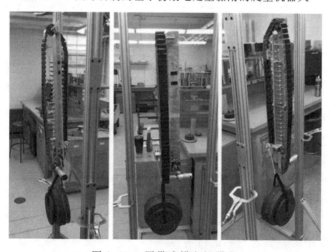

图1.63　履带式攀爬机器人

机器人(图1.64(b))采用仿壁虎刚毛干黏附仿生材料,实现了在垂直光滑表面的爬行运动。

　　南京航空航天大学仿生结构与材料防护研究所吉爱红等人研制了基于涵道风扇压附与黏附材料协同附着的管道巡检爬壁机器人,如图1.65(a)所示。该机器人采用三轮设计,可适应管道中的弯曲表面,保证机器人与管道内壁保持有效

(a) 中国科学技术大学仿壁虎爬壁机器人

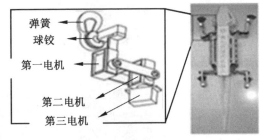
(b) IBSS_Gecko仿壁虎爬壁机器人

图 1.64　国内研制的基于仿刚毛足垫黏附的爬壁机器人

的接触。两个前轮可以不同速度与不同转向转动,配合从动的后轮可实现灵巧的转向与前进后退。轮上固定具有适用于光滑表面的仿生黏附材料,机身装有强力高效率的涵道风扇,用于产生足够的压力,使黏附材料能够在管道内壁产生足够的黏附力,进而使得机器人能够在管道各个角度稳定爬行。机器人搭载高清摄像头,在管道中运动时可以实时回传视频图像,如图 1.65(b) 所示。

(a) 机器人外观结构

(b) 爬壁机器人管道巡检

图 1.65　管道巡检爬壁机器人

　　2020 年,中国科学技术大学 Bian 等人以天牛和壁虎为灵感,设计了一种带有脊骨和微型刚毛阵列的四足爬壁机器人,如图 1.66 所示。该机器人的仿生手掌是以天牛为灵感的特殊仿生钩,以及以壁虎为灵感的仿生黏合材料,具有良好的表面黏附性能。这两种不同的仿生附着附件用于机器人的手掌上,以实现在不同表面上的攀爬。这种可折叠攀爬机器人不仅可以弯曲自己的身体以适应不同直径的圆柱形接触面,还可以使用仿生手掌在垂直粗糙或光滑的表面上爬行。

　　2021 年南京航空航天大学李宏凯等人研制出一款基于仿生干胶材料的轮式爬壁机器人,如图 1.67 所示,该机器人以壁虎的黏性足为灵感,在考虑运动效率和黏性的基础上,设计了一种以同步齿轮和皮带系统为轮子的轮式爬壁机器

图 1.66　四足爬壁机器人

人。车轮的附着力是通过在车轮外表面包裹仿生黏合材料获得的。安装在机器人背面的管道风扇为黏合材料提供推力,从而在垂直表面上移动时产生法向和剪切黏附力。

图 1.67　轮式爬壁机器人

第 2 章

爬壁动物的足爪

爬壁动物的足爪不仅可以使其在地面快速爬行,还能够实现在竖直表面甚至倒置的表面运动。本章主要介绍爬壁动物的附着器官、壁虎的足爪、昆虫的足爪及爬壁动物的附着机理,同时简要介绍半翅目、同翅目、鞘翅目昆虫的足爪结构。

运动是动物捕食、逃逸、生殖、繁衍等行为的基础。在 35 亿年的进化和竞争中，许多动物，如蜘蛛、昆虫、壁虎等，演化了具有优异的在各种各样的表面上运动的能力。爬壁动物不仅可在地面快速爬行，还能够在竖直表面（如树干、垂直墙面）甚至倒置的表面（树叶背面、天花板表面）上运动。相对于身体尺寸而言，壁虎、蜘蛛、昆虫等快速运动的能力、较强的负载能力、高度的灵敏性使它们成为运动学研究的理想模型。生物学家们从比较生物学的角度深入研究理解壁虎、蜘蛛、昆虫等动物的爬行基本规律，工程师、设计师们则从动物运动的过程中获得设计灵感，提高爬壁机器人和其他复杂系统的性能。

美洲蟑螂（*Blaberus discoidalis*）的爬行速度为 $1 \sim 1.5$ m/s，相当于每秒钟爬过自身身体长度 50 倍的距离，并且可以在不需要降低爬行速度的情况下，轻松翻过相当于自身质心高度 3 倍的障碍物。壁虎是能够"飞檐走壁"的动物的典型代表。具有在天花板表面自如运动能力的动物中，大壁虎（*Gekko gecko*）体重最大（可达 150 g，平均 100 g）、运动速度最快（可达 1.5 m/s）、负重能力最强（天花板上可达体重的 5 倍）。大壁虎爬到 10 层楼高，仅需 20 s。

对蜘蛛、昆虫、壁虎等具有在垂直壁面和天花板表面运动能力的动物（简称爬壁动物）而言，在壁面上自如爬行时都必须解决三个问题：

（1）在壁面上，运动方向的接触反力之和必须大于等于身体质量，以维持爬行速度。

（2）运动时需要快速稳定的附着机制。

（3）身体必须能够产生抗倾覆力矩。

因此，除了研究运动行为与运动力学，爬壁动物在天花板、墙壁（尤其是光滑壁面）上的附着机理也是科学家们的研究热点。第 1 章介绍的基于磁吸附、负压吸附和黏附原理的爬壁机器人，大多只能应用于光滑或平整的壁面。自然界的表面大多为粗糙不平的不规则表面，爬壁动物在粗糙壁面的可靠附着与自如运动能力给人们提供了极好的仿生模型，设计能够在粗糙壁面可靠附着并自如爬行，并且具有地壁过渡运动能力的爬壁机器人，在反恐、救援、首脑保卫、特种侦察等公共和国家安全领域以及狭小空间检测等行业具有广泛而迫切的需求。

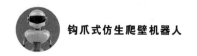

2.1　爬壁动物的附着器官

动物用来实现在壁面上附着的器官主要有三种：爪子、光滑爪垫和刚毛爪垫，如图 2.1 所示。具有 TDOF 运动能力的动物依靠冗余的附着机构，不仅能够在粗糙的表面上附着，也能附着在光滑的表面。如蝗虫同时具有爪子和光滑爪垫，而壁虎同时具有爪子和刚毛爪垫。

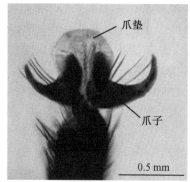

(a) 斑衣蜡蝉的爪子和爪垫

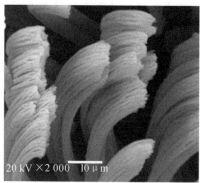

(b) 大壁虎脚掌的刚毛爪垫

图 2.1　动物的附着器官

在粗糙表面上动物使用爪子附着，即通过脚趾（或前跗节）末端的爪与接触面的相互作用来克服身体重力和惯性力，实现稳定附着。研究表明，动物的脚爪附着时，由于单爪附着方式抗干扰能力差，因此几乎没有一种动物是通过单爪附着在表面上，动物都衍生出了双爪、多爪或是爪垫结合的附着方式。由于两个（如昆虫）或多个脚爪（如壁虎）能够提供冗余的接触点，接触点之间形成反向的切向力耦合，从而形成类似抓附的动作。爪子的附着能力与表面粗糙度、爪子尖端几何形状和尺寸及附着表面的摩擦系数有关。

在较光滑接触面上，爪不能起到内锁合作用，动物通过足垫与接触面间的黏附实现附着。足垫又分为光滑足垫和刚毛足垫。光滑足垫如蟑螂、蜜蜂、昆虫、斑衣蜡蝉、臭虫、蚂蚁及树蛙的足垫，为平滑表面结构；刚毛足垫如壁虎、苍蝇、蜘蛛的黏附机构，为纳米级的刚毛。足垫与接触面的黏附机理分为两类：一类为干黏附（典型代表为壁虎和蜘蛛），基于分子间作用力（范德瓦耳斯力）机制；另一类是湿黏附（典型代表为树蛙和蚂蚁），基于毛细力作用机制。采用干黏附机理动物的卓越黏附性能来自于其脚掌的微观结构。Spolenak 总结了光滑爪垫和刚毛爪垫端部接触单元的形状，如图 2.2 所示。其中，臭虫（*Pyrrhocoris apterus*）的光滑爪垫如图 2.2(a) 所示；蝗虫（*Tettigonia viridissima*）的附垫表面如

图 2.2(b) 所示；食蚜蝇(*Myathropa florea*)的足部纤毛如图 2.2(c) 所示；红头丽蝇(*Calliphora vicina*)爪垫上的刚毛如图 2.2(d) 所示；瓢虫(*Harmonia axyridis*)第二跗节上的刚毛如图 2.2(e) 所示；金龟子(*Chrysolina fastuosa*)第二跗节上的刚毛如图 2.2(f) 所示；雄性蟑螂(*Dytiscus marginatus*)的前足跗节垂直侧面上的杯形吸盘如图 2.2(g) 所示。

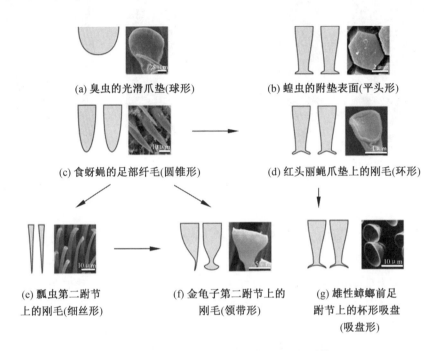

(a) 臭虫的光滑爪垫(球形)　　　　　(b) 蝗虫的附垫表面(平头形)

(c) 食蚜蝇的足部纤毛(圆锥形)　　　(d) 红头丽蝇爪垫上的刚毛(环形)

(e) 瓢虫第二跗节　　　(f) 金龟子第二跗节上的　　　(g) 雄性蟑螂前足
上的刚毛(细丝形)　　　刚毛(领带形)　　　　　跗节上的杯形吸盘
　　　　　　　　　　　　　　　　　　　　　　　　(吸盘形)

图 2.2　动物光滑爪垫和刚毛爪垫的形状

　　光滑爪垫软且可变形，如蟑螂、蜜蜂、蝗虫、斑衣蜡蝉和臭虫的爪垫，这类爪垫与接触表面的附着力以表皮与附着表面之间的分泌液膜为介质。刚毛爪垫覆盖有较长的可变形刚毛，如某些甲虫、苍蝇、蜘蛛、壁虎的爪垫，如图 2.3 所示。这类刚毛易弯曲，从而能够与表面形成众多的微接触区。Peressadko 和 Gorb 认为刚毛尖端部位总体上是平的，构成端部接触单元，其尺寸随动物质量的增加而降低。如金龟子的单元尺寸为 7 μm，苍蝇为 1～2 μm，壁虎为 10～100 nm。刚毛爪垫的附着力取决于端部接触单元的数量和与附着表面产生紧密接触的能力。

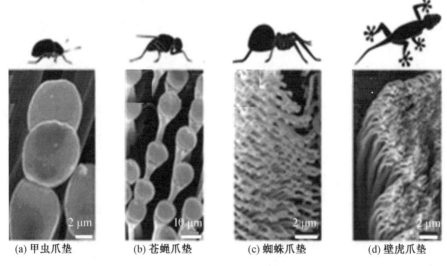

(a) 甲虫爪垫	(b) 苍蝇爪垫	(c) 蜘蛛爪垫	(d) 壁虎爪垫

图 2.3　几种动物刚毛爪垫的纳米尺度结构

2.2　壁虎的足爪

　　壁虎作为已知的具有爬壁附着能力的尺寸最大的动物,是开展仿生爬壁研究的最佳研究对象。关于壁虎在各类表面上附着机理的研究,近年来成为科学家们关注的研究热点。

　　壁虎属于爬行纲(Reptilia)蜥蜴目(Lacertiformes)壁虎科(Gekkonidae)壁虎属(Gekko)。壁虎属动物的主要特征为头骨的骨片扁薄,眶后骨消失或与后额骨愈合,因而造成眼窝与颞窝彼此相通。头较大,头背无对称排列的大鳞,背被粒鳞,上有较规则排列的疣鳞。眼大,覆有透明膜,瞳孔直立。雄性具有肛前孔或股孔,指趾上具有扩大的攀瓣,不纵分。卵生,一次产卵两个,为白色椭圆形。该属动物在世界上有 25 种,在我国分布有 10 种,如大壁虎(Gekko gecko)。图 2.4(a) 所示为大壁虎背侧图,图 2.4(b) 所示为其腹侧图。

　　壁虎的脚掌包括 5 个脚趾,如图 2.4(c) 所示,脚趾包括足垫和爪两部分,如图 2.4(d) 所示。大壁虎单根脚趾上生有约 50 万根刚毛,长度为几十到上百微米,根部直径为几到十几微米。刚毛末端伸展出两级绒毛分枝结构,如图 2.4(e)所示。绒毛端部呈膨大盘状结构,增加接触面积,直径为十几到几十纳米,如图 2.4(f) 所示。刚毛主要成分为 β 角蛋白(β-keratin),弹性模量为 $2 \sim 4$ GPa,自身不具黏连性。壁虎脚掌在壁面上附着时,先后有三种典型的动作:① 脚趾外展,相对于脚掌平面,脚趾的外展角度超过 $90°$;② 脚趾内收,由于脚趾的充分外

(a) 大壁虎背侧图　　　　　(b) 大壁虎腹侧图　　　　　(c) 壁虎的脚掌

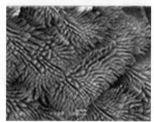

(d) 壁虎的脚趾　　　(e) 刚毛末端的两级绒毛分枝结构　　　(f) 绒毛端部的膨大盘状结构

图 2.4　大壁虎

展,脚趾内收时能实现与壁面的最大面积接触,而且脚趾内收动作产生了预压力;③ 脚掌的扭转,该动作使和壁面接触的各脚趾与表面产生了切向拉力,从而保证足垫或爪的附着。因此第一脚趾上无爪,不会形成互锁。壁虎前脚掌的第一和第五脚趾(近似一条直线)接触点之间形成反向的切向力耦合,从而形成类似抓附的动作。

2.3　昆虫的足爪

　　节肢动物(Arthropoda)是动物界(Animal)里最大的一门。根据节肢动物呼吸器官、身体分区及附肢等的不同,分为三个亚门、七个纲。昆虫纲(Insecta)是节肢动物门中一个主要的纲,其主要特征是身体分为头、胸、腹三部分。头部由 6 节愈合形成。胸部有 3 节(前胸、中胸和后胸),每节上均有一对足(前足、中足和后足),每足由基节(coxa)、转节(trochanter)、腿节(femur)、胫节(tibia)、跗节(tarsus)及前跗节(pretarsus)组成,节与节之间以关节相连,如图 2.5 所示。中胸和后胸的背部两侧各有一对生翅,分别称为前翅和后翅。许多昆虫的前翅像一对罩,起到保护身体的作用,如甲虫的前翅,角质加厚而硬化,称为鞘翅(elytron);黄斑蝽(*Erthesina fullo thunberg*)前翅的基部为角质,端部为膜质,称为半鞘翅(hemielytron)。后翅主要用于飞行。昆虫的腹部组成可以多至 11 节。
　　在生物的进化过程中,不同昆虫的足的功能和形态也大不相同。根据足的

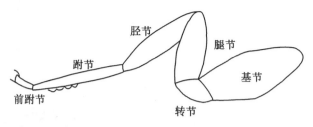

图 2.5　昆虫足分节示意图

功能主要可以分为捕捉足、攀缘足、开掘足、游泳足、步行足、抱握足、携粉足、跳跃足等，如图 2.6 所示。

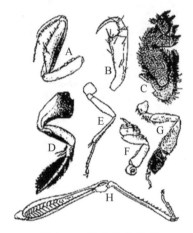

图 2.6　昆虫足的类型

A— 捕捉足(拒斧螳螂 *hierodula patellifera serlille* 的前足)；B— 攀缘足(牛虱 *trichodectes bovis* linn. 的前足)；C— 开掘足(蝼蛄 *gryllotalpa unispina saussure* 的前足)；D— 游泳足(龙虱 *cybister japonicus sharp* 的后足)；E— 步行足(步行虫 *calosoma maximowiczi morawiz* 的中足)；F— 抱握足(龙虱雄虫的前足)；G— 携粉足(蜜蜂 *apis mellifiera* linn. 的前足)；H— 跳跃足(东亚飞蝗 *Locusta migratoria manilensis* Meyen 的后足)

　　昆虫在各种表面上附着时，跗节和前跗节与表面接触。为了适应各种不同的表面，跗节和前跗节进化了多种不同的端部结构。昆虫的爪和爪垫没有专门的肌肉控制其运动，而是由腿节和胫节上的一套肌肉控制跗节和前跗节的运动，在跗节和前跗节运动的带动下，爪和爪垫在各种面上附着。膜翅目昆虫的肌肉控制系统较其他目昆虫精细，例如，蚂蚁实现附着是通过爪子屈肌的收缩或者爪垫向身体内拖动，脱附则通过爪子屈肌放松或脚跗骨外推。Frantsevich 研究了黄边胡蜂(*Vespa crabro*)的附肢结构以及腿节和胫节上的肌肉对附着的作用，提出了相应的物理模型，如图 2.7 所示。黄边胡蜂的脚掌(前跗节)的附着有爪(claw)和中垫(arolium)两种方式，分别用于在粗糙表面和光滑表面上的附着。

脚掌与表面接触时,缩肌收缩使爪或中垫被动紧贴在各种表面上。甲虫和苍蝇等其他非膜翅目昆虫大多没有与屈肌对应的其他肌肉,只有单一的屈肌,导致它们在单次运动中爪和爪垫的附着和脱附只能通过屈肌控制整个跗节的运动。

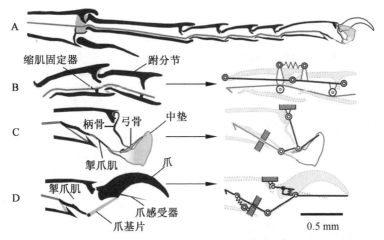

图 2.7 黄边胡蜂跗节控制结构图

A— 跗节结构总图;B— 跗分节(tarsomere)及其物理模型;
C— 中垫及其物理模型;D— 爪及其物理模型

昆虫的双爪成一定的夹角,如图 2.8 所示,载荷可以分解到双爪成为一对互成角度的力,构成平衡。双爪之间的夹角如果太大,则两爪形成互锁,不利于脱附。当受侧向干扰时,侧向力可以分解轴向作用到两个爪子上,再次在单爪上平衡,整体也表现出平衡特性。外在表现为两个爪子上的异向摩擦力平衡了侧向干扰,这极大地增加了抓附的稳定性。下文介绍半翅目、同翅目和鞘翅目具有爪式附着器官的典型昆虫。

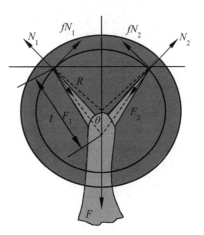

图 2.8 双爪附着

2.3.1 半翅目昆虫的足爪

半翅目是昆虫纲中较大的一个类群,其成虫体壁坚硬。半翅目多为中型及中小型,体型多为六角形或椭圆形,背面平坦,上下扁平。

黄斑蝽(*Erthesina fullo thunberg*)又名麻皮蝽、黄霜蝽等,属半翅目

（Hemiptera）蝽科（Pentatomidae），如图 2.9 所示。黄斑蝽体型有大有小，身体略扁平。前翅的基部为角质，端部为膜质。后翅为膜质，休息时褶叠藏于前翅之下。口器为刺吸式，下唇为圆柱形的喙管。上颚和下颚为 4 条细长的口针，包在喙内。口器着生在头部的前端，不用时置于头、胸部的腹面。触角 4～5 节。具复眼，单眼有 2 个或无。前胸背板发达，中胸有发达的小盾片。身体腹面有臭腺开口，能分泌出挥发性油，散发出类似臭椿的气味，故又称"蝽象"。

(a) 黄斑蝽背侧

(b) 黄斑蝽腹侧

图 2.9　黄斑蝽

　　黄斑蝽的中足由基节、转节、腿节、胫节、跗节和前跗节组成，如图 2.10 所示。基节与躯干相连，被躯干的胸膜包围，如图 2.11 所示，只能在躯干内做单自由度的转动。腿节与基节通过转节可以相对转动，胫节和腿节之间可以进行一定转角的相对转动，黄斑蝽运动时与附着面接触的是跗节和前跗节，跗节与胫节可以有 3 个方向的转动，即基节与胸膜之间、腿节与基节之间、胫节与腿节之间的运动副为单自由度的转动副，跗节与胫节之间为三自由度的球面副。

　　黄斑蝽的胫节和跗节上生着密集的鬃毛（bristle），如图 2.12 所示。跗节分成 5 节，与胫节相连的跗分节在尺寸上明显区别于其他跗分节。跗分节的末端上有钩状爪和光滑爪垫。对黄斑蝽运动与附着的观察研究发现，黄斑蝽在垂直有机玻璃表面和水平摆放的有机玻璃下表面（天花板表面）上爬行时，其附着主要依靠足端的光滑足垫附着；而在粗糙的泡沫表面爬行时，主要依靠爪附着。

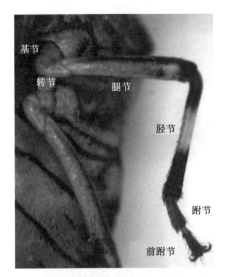

图 2.10　黄斑蟽的中足图　　　　图 2.11　黄斑蟽各附肢的基节

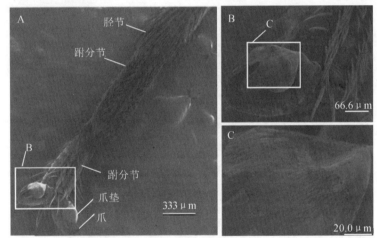

图 2.12　黄斑蟽跗节

A— 跗节总图;B— 前跗节;C— 爪垫

2.3.2　同翅目昆虫的足爪

同翅目(Homoptera)包括蝉、沫蝉、叶蝉、角蝉、蜡蝉、飞虱、木虱、粉虱、蚜虫和蚧壳虫,形态变化较大,口器刺吸式,前后翅膜质透明,形状、质地相同。

斑衣蜡蝉(*Lycorma delicatula white*)属蜡蝉科(*Fulgoridae*)同翅目昆虫,别名蟽皮蜡蝉、斑衣、樗鸡、红娘子等,如图 2.13 所示。同翅目昆虫的特征是口器刺吸式,下唇变成的喙着生于头的后方。上唇小,盖在喙管背缝的基部;上、下颚变为四根细长的颚刺,包在喙管里。成虫休息时翅置背上,呈屋脊状。触角短,呈刚毛状或丝状。

(a) 自然栖息的斑衣蜡蝉　　　　　　(b) 斑衣蜡蝉展开图

图 2.13　斑衣蜡蝉

斑衣蜡蝉雌性足长 18 ～ 22 mm,雄性足长 15 ～ 18 mm。前足、中足和后足在功能上有明显的分工。经过长期的进化,各足形态上也有明显的不同,如图 2.14 所示,中足最短,后足最长。后足主要用于跳跃,中足主要用于附着,前足用于前进方向的控制。斑衣蜡蝉的足部平均尺寸见表 2.1。后足基节已经退化成胸骨侧的上侧片,未测量相关尺寸。

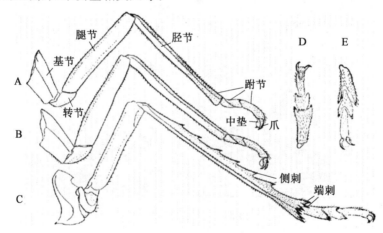

图 2.14　斑衣蜡蝉的附肢

A— 前足;B— 中足;C— 后足;D— 后足跗节及爪的背面;E— 后足跗节及爪的腹面

表 2.1　斑衣蜡蝉的足部平均尺寸　　　　　　　　　　　　　　　mm

部位	雄性					雌性				
	基节	腿节	胫节	跗节	全长	基节	腿节	胫节	跗节	全长
前足	3	5.4	5.75	2.2	16.35	3.7	6.65	6.7	2.4	19.45
中足	2.85	4.95	5.55	2.15	15.5	3.4	6	6.8	2	18.2
后足	—	5.6	8.75	3.2	17.55	—	6.9	10.5	36	21

雌性斑衣蜡蝉的前跗节比雄性大。前足的前跗节比中足的前跗节稍大,后足的前跗节比前足和中足的都小,如图 2.15 所示。图 2.16 所示为斑衣蜡蝉前跗节的扫描电镜照片。斑衣蜡蝉的两爪通过负爪片彼此连接,每只爪上有四根长刚毛,刚毛规则地平行生长。昆虫的爪垫有两种,昆虫纲中,直翅目、半翅目、同翅目和长翅目昆虫的爪垫为着生在两爪之间的中垫。中垫的外层为软的黏着外壳,黏着外壳为纵向褶皱状透明物。中垫的两侧分别与一对骨质化的伸肌相连接。在一对伸肌中间,中垫的上表层中间有一条很明显的分界线,被一层有弹性的但是很粗糙的表皮覆盖,并且粗糙表皮为正方形瓦片状排列,每个正方形瓦片的宽度为 $100 \sim 200 \ \mu m$。跗节的掣爪肌为锯齿状。掣爪肌前面是 $10 \sim 12$ 排的念珠状的瓦片,越靠近末梢瓦片越小。在最外周的区域,是一层有弹性的、光滑的、非结构化的薄膜,为纵向褶皱状透明物,如图 2.17 所示。在薄膜上可以观察到一对纤毛,纤毛的长度为 $25 \sim 28 \ \mu m$,其中毛囊根部长度为 $50 \sim 60 \ \mu m$,直径约 $120 \ \mu m$,起到传感器的作用。伸肌的顶部和底部组成一个盒状的开口的末梢。这种开口覆盖一层可扩展的软囊,软囊规则地排列成褶皱状,数百个褶皱形成可黏着的囊。中垫的内层为海绵体状内容物,如图 2.18(d) 所示;海绵体的下面是稠密的角质层,角质层外层是树枝状层,如图 2.18(e) 所示,树枝状层与中垫外膜的外缘连接。收缩肌腱控制爪收缩的同时控制中垫的收缩。自然环境下,斑衣蜡蝉在粗糙表面上附着时,爪向内弯曲,中垫稍弯使外膜外缘与附着面接触;在光滑表面上爪向两侧面滑动,中垫向内弯曲,伸肌使外膜充分膨胀,与附着面保持充分接触。

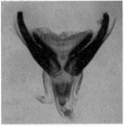 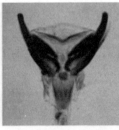 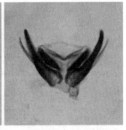

(a) 雌性成虫前足前跗节　(b) 雌性成虫中足前跗节　(c) 雌性成虫后足前跗节

  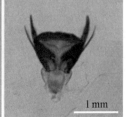

1 mm

(d) 雄性成虫前足前跗节　(e) 雄性成虫中足前跗节　(f) 雄性成虫后足前跗节

图 2.15　斑衣蜡蝉各足前跗节

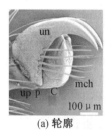
(a) 轮廓

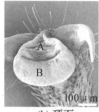
(b) 顶面

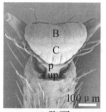
(c) 腹面

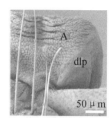
(d) 背面

图 2.16　斑衣蜡蝉前跗节结构图

A— 中垫背面外膜；B— 黏附膜的外缘；C— 外膜底面；dlp— 背外侧板；
mch— 刚毛；p— 跗基节；un— 爪；up— 掣爪肌板

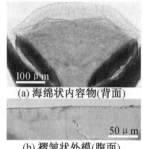
(a) 海绵状内容物(背面)
(b) 褶皱状外模(腹面)

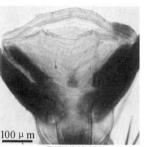
(c) 黏附膜的外缘

图 2.17　斑衣蜡蝉中垫

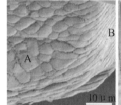
(a) 底面

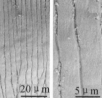
(b) 纵向窄条1

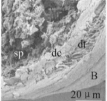
(c) 纵向窄条2　(d) 内容物

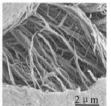
(e) 树枝状层

图 2.18　斑衣蜡蝉中垫结构

A— 鳞片；B— 纵向窄条；sp— 海绵体；dc— 稠密的角质层；dt— 树枝状层

2.3.3　鞘翅目昆虫的足爪

　　鞘翅目昆虫目前在全世界已知约有 37 万种，也是昆虫中数量与种类最多的目，占昆虫纲的 40% 以上。鞘翅目昆虫具有保护身体的鞘翅(前翅)和展翅飞行的后翅，既可以在树梢、地面上爬行，又可以展翅飞行。图 2.19 所示是 6 种鞘翅目昆虫的前跗节，所有图片的比例尺均为 1 mm。图 2.19(a) ～ (f) 所示依次分别为大锹甲(*Odontolabis siva hope*)、黄星桑天牛(*Psacothea hilaris pascoe*)、光肩星天牛(*Anoplophora glabripennis motsch*)、独角犀(*Xylotruper dichotomus linnaeus*)、绿金龟(*Auomaca* sp.)和网目拟步甲(*Opatrunm subaratum* fald.)的足爪。从图中可以看出,鞘翅目昆虫在足端的前跗节都至少着生一对硬质的钩爪,该钩爪的直径为微米级。如前所述,这种互成一定角度的钩爪既能形成附着时的内锁合,增加抓附的稳定性,又有利于脱附。如图2.19(a)所示,大锹甲的一对钩爪之间还着生一对小尺寸的钩爪,起到辅助附着的作用,进一步增强附着稳定性。而天牛科昆虫,如图2.19(b)、(c)所示,前跗节还着生刚毛足垫,在附着时起到缓冲作用。图2.19(d)所示的独角犀,图2.19(e)所示的绿金龟和图2.19(f)所示的网目拟步甲前跗节都着生爪刺,前端的钩爪和爪刺可以进一步形成附着的锁合。

(a) 大锹甲的足爪

(b) 黄星桑天牛的足爪

(c) 光肩星天牛的足爪

(d) 独角犀的足爪

(e) 绿金龟的足爪

(f) 网目拟步甲的足爪

图 2.19　6 种鞘翅目昆虫的前跗节

壁虎及昆虫在粗糙壁面上的附着主要基于钩爪结构实现。研究钩爪的附着机理对于研制钩爪式爬壁机器人有重要的理论意义。下文将首先建立模型研究钩爪在粗糙壁面上的附着机理,并根据研究壁虎及昆虫钩爪的仿生附着机理,研制能够附着于粗糙壁面并且能够在粗糙壁面上稳定爬行的机器人。

第 3 章

国内外钩爪式爬壁机器人

爬壁动物脚掌末端的钩爪状结构使其具备能够在竖直表面和倒置表面爬行的能力，以壁虎和昆虫的足爪抓附为灵感而研制的钩爪式爬壁机器人，具有噪声小、能耗低、附着稳定等优点。本章主要介绍国内外研制的各种基于钩爪抓附原理的爬壁机器人。

自然界中大多数的表面都属于粗糙的、非结构的、布满裂缝和灰尘的。第 1章介绍的磁吸附式、负压吸附式和黏附式爬壁机器人在竖直表面上的作用有限，而壁虎和昆虫等生物为了适应这种复杂的环境，经过长期的进化，具备了能够在竖直表面甚至在倒置表面爬行的能力。许多研究表明，尽管不同动物在竖直表面的爬壁原理不尽相同，但大多数动物的脚掌末端都具有钩爪状结构，这种结构对于动物能够在竖直表面(比如墙面、大树表面及岩石表面)爬行具有极其重要的意义。因此，从壁虎和昆虫的足爪抓附获得灵感而研制的钩爪式爬壁机器人可以填补这方面的空白，且具有噪声小、能耗低、附着稳定等优点。

本章介绍国内外研制的各种基于钩爪抓附原理的爬壁机器人。

3.1　国外研制的钩爪式爬壁机器人

2005 年，美国斯坦福大学 Sangbae Kim 等人研制出首台钩爪式爬壁机器人Spinybot Ⅱ，如图 3.1 所示，整体机身可简化为由上下两个平行杆式结构组成平

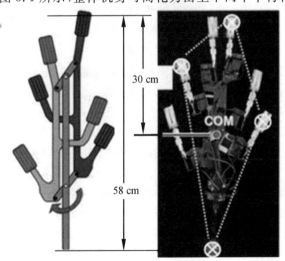

图 3.1　Spinybot Ⅱ 爬壁机器人

行四边形的四杆机构,每个杆式结构上安装三个钩爪脚掌,该脚掌通过先进的形状沉积技术(SDM)制造而成,可以将刚性材料与柔性材料连接在一起。每个钩爪脚掌由一个舵机控制,实现脚掌与接触表面的附着与脱附。机器人整个机身重 400 g,可以 2.3 cm/s 的速度在粗糙的混凝土及砖墙等竖直表面爬行,净载重超过机身本体自重。

该大学的 Cutkosky 等人受到飞行的鸟类及昆虫栖息方式的启发,研制了一款可以实现在竖直的粗糙表面上附着爬行的飞行机器人 SCAMP,如图 3.2 所示,该机器人尾部的钩爪结构可以使机器人钩附在粗糙壁面上。机器人飞离壁面时,旋翼调整飞行姿态,从而实现从壁面附着向空中飞行姿态的过渡。

图 3.2　SCAMP 爬壁机器人

同样在 2005 年,美国斯坦福大学、路易克拉克大学、加利福尼亚大学伯克利分校、宾夕法尼亚大学、卡耐基梅隆大学及波士顿动力公司在 DARPA biodynotics program 项目资助下组成 RISE 项目组,联合开发爬壁机器人,随后相继研制了 RISE 系列钩爪式爬壁机器人,如图 3.3 所示。受到爬壁动物研究启发,RISE V1 被设计为钩爪式六足爬壁机器人,每条腿部有 2 个自由度,控制腿部前后摆动和上下摆动,腿部末端脚掌的运动通过四杆机构实现,配合腿部上下摆动实现对机器人脚掌落点及附着轨迹的控制,其钩爪式脚掌则沿用了 Spinybot Ⅱ 的脚掌设计。RISE V2 在第一代的基础上对腿部结构及脚掌结构进行改进,改善了腿部的柔顺性能以适应机器人自身的质量并减小了机器人爬行过程的脚掌侧向力的影响。对于不同粗糙度的爬行表面分别设计了不同脚掌结构以提升其对接触面的适应性。机器人的脚掌还安装了传感器用于判断钩爪式脚掌是否与表面产生稳定接触。RISE V2 能以 4 cm/s 的速度在砖墙、混凝土及碎石等粗糙的竖直表面爬行。RISE V3 则设计为能够攀爬圆木的钩爪式四足爬壁机器人,机身质量为 5.4 kg,长度为 70 cm(不包括尾部长度)。腿部为连杆机构,每条腿包含 2 个自由度,机身躯干具有 1 个俯仰自由度,可调整机器人攀爬时的姿态,以 21 cm/s 的速度快速攀爬。

(a) RISE V1　　　　　　　　(b) RISE V2　　　　　　　　(c) RISE V3

图 3.3　RISE 系列爬壁机器人

　　美国加利福尼亚大学伯克利分校 Poly-PEDAL 实验室团队对能够在粗糙竖直表面上爬行的蟑螂和壁虎开展实验研究,发现了蟑螂和壁虎在爬行过程中运动学和动力学的相似性,提出了爬壁动物在竖直表面上动态、快速攀爬的通用模型,被称为 Full-Goldman 模型(简称 FG 模型),图 3.4 为基于 FG 模型的爬壁机器人。基于该模型的理论基础,美国宾夕法尼亚大学 Clark 等人于 2009 年设计了一款两足动态爬壁机器人 Dyno Climber,该机器人拥有两个用于攀爬的手臂,手

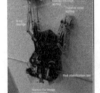
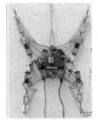

(a) Dyno Climber 爬壁机器人　　(b) ICAROS 爬壁机器人　　(c) SCARAB 爬壁机器人

(d) BOB 爬壁机器人　　(e) BOB 钩爪脚掌单个爪片结构　　(f) BOB 柔性钩爪脚掌

图 3.4　基于 FG 模型的爬壁机器人

臂前端安装有钩爪状结构,可钩附在编织物表面。确定了适用于两足机器人动态爬行的算法,并将其应用于机器人 Dyno Climber 上,最终实现以 66 cm/s 的速度在竖直表面快速攀爬。2012 年,美国佛罗里达州立大学 Dickson 等人在 FG 模型的基础上研制了机器人 ICAROS,该机器人兼具竖直表面攀爬及滑翔能力,能以 13.5 cm/s 的速度攀爬,以 7.1 m/s 的速度滑翔,克服了飞行器续航能力不足的问题。2013 年,Clark 等人还研制了钩爪式四足爬壁机器人 SCARAB,该机器人集成了两种控制模型,即在水平表面爬行时采用 Lateral Leg Spring(LLS) 模型,在竖直表面爬行时采用 FG 控制模型,实现了以 40 cm/s 的速度快速爬行。另外,Clark 等人针对爬壁机器人鲁棒性不足的问题还设计了微型两足机器人 BOB,分析了机器人两腿间张角对机器人爬壁能力的影响,参考 RISE 系列机器人的脚掌设计,将机器人脚掌改进为类似的柔性钩爪结构,最终实现了机器人 BOB 在粗糙的竖直墙面攀爬,该机器人机身质量仅 200 g,由一个电机驱动机器人爬行,简化了控制方案,减轻了机身质量。

美国凯斯西储大学的 Daltorio 等人研制了 Mini-Whegs 系列轮足式爬壁机器人,如图 3.5 所示。该系列机器人由一个电机实现攀爬。机身两侧安装相同的腿部结构,每个腿部安装均匀分布在圆周上的三个脚掌。这种特殊的脚踝结构形式可实现不同脚掌的附着与脱附状态的交替切换。该轮足式机器人根据不同的附着方式能够在垂直壁面、天花板表面爬行,并且能够实现在垂直壁面与天花板表面运动的过渡。该机器人采用魔术贴作为附着材料时可在竖直的地毯表面攀爬,采用钩爪作为附着结构时可在倾斜 60° 的粗糙混凝土表面爬行,采用仿生黏附胶带作为附着材料时可在光滑的竖直玻璃面爬行。Daltorio 等人还对生物在竖直表面及倒置表面时脚掌的受力状态展开研究,发现生物附着通常遵循分布式内抓原则(Distributed Inward Gripping,DIG),并基于该原则设计了钩爪式六

(a) Mini-Whegs爬壁机器人　　　　　(b) Digbot爬壁机器人

图 3.5　凯斯西储大学研制的爬壁机器人

足爬壁机器人 Screen bot。该机器人由一个电机控制，以三角步态爬行。每条腿部足端安装一个钩爪，在爬行过程中根据其足端轨迹进行附着，可在竖直的铁丝网上进行攀爬。2010 年，该团队进一步改进设计，采用六足爬行，每条腿具有 3个自由度，整个机身有 18 个自由度，通过腿部前端的单个钩爪以及腿部之间的内抓行为实现在竖直的铁丝网上攀爬，并可通过腿部的柔性关节实现转弯。该机器人命名为 Digbot，机身质量为 1.8 kg。

2011 年，美国加利福尼亚大学伯克利分校的 Gillies 等人研制了六足微型爬壁机器人 CLASH，如图 3.6 所示。该机器人长仅 10 cm，质量仅 15 g，通过一个电机控制连杆机构实现机器人以三角步态向前爬行。连杆机构末端安装钩爪可实现在柔软的竖直悬挂的布面上以 15 cm/s 的速度攀爬。

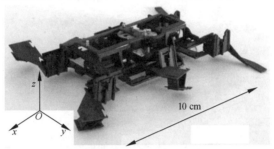

图 3.6   CLASH 爬壁机器人

以色列本古里安大学的 Amir Shapiro 等人在 2011 年研制出钩爪爬壁机器人 CLIBO，其可在竖直粗糙的灰泥墙表面爬行，如图 3.7 所示。该机器人通过 4 条腿配合实现不同方向上的爬行动作，每条腿部具有 4 个自由度，腿部前端安装 12 个鱼钩制成钩爪状脚掌。通过开发的机器人爬行算法可使机器人沿着预先设定的轨迹路线进行自主攀爬。

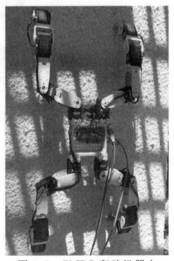

图 3.7   CLIBO 爬壁机器人

2014 年,日本千叶工业大学的 Funatsu 等人设计了一个厘米级微型六足爬壁机器人,如图 3.8 所示。机器人每条腿部由扭簧构成,腿部末端安装钩爪单元,通过形状记忆合金实现腿部的附着与脱附。安装在机身上的线性伺服电机实现机器人的移动。机器人质量仅 13.5 g,能在竖直的混凝土墙面爬行。

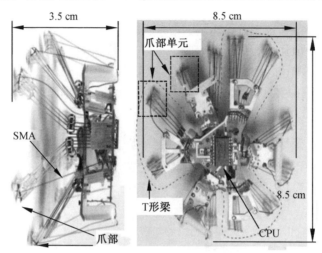

图 3.8　微型六足爬壁机器人

2015 年,韩国首尔大学的 Choi 等人仿照蟑螂爬行研制了一款微型爬壁机器人,如图 3.9 所示,机身采用一个直流电机驱动两个三角架形结构交替运动。机身质量为 10.8 g,机身长度约为 10 cm,以 5.57 mm/s 的速度在接近 90° 的砖墙面上爬行。

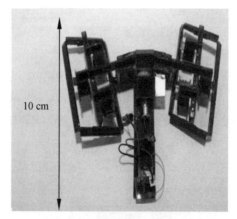

图 3.9　微型爬壁机器人

2012 年,美国加利福尼亚理工学院喷气推进实验室(JPL)的 Parness 等人研制了一款轮式钩爪爬壁机器人 DROP,如图 3.10 所示。该机器人由两个钩爪轮和一个尾柄组成。钩爪轮由轮片叠加而成,每个轮片上等间距分布四个钩爪,不同的轮片之间以一定的夹角交错排列,使钩爪均匀分布在爪轮圆柱面上。当电机驱动钩爪轮旋转时,钩爪与粗糙面进行接触、钩附及脱附行为。轮式钩爪机器人机身质量为 300 g,可以 25 cm/s 的速度在接近竖直的粗糙表面爬行。

图 3.10   DROP 爬壁机器人

除了前文提及的 Digbot 爬壁机器人能够在倒置铁丝网表面攀爬,其他爬壁机器人大多只能实现竖直粗糙的表面攀爬,并不能实现倒置粗糙表面的稳定附着与攀爬。JPL 于 2012 年开始研制可以在倒置粗糙表面爬行的钩爪式机器人,并在 2013 年研制出了 LEMUR ⅡB 钩爪式爬壁机器人,提出用于 NASA 火星探测计划的火星车解决方案,如图 3.11 所示。与传统的火星车不同的是,钩爪式爬壁机器人可以攀爬于火星表面的山丘、沟壑、峡谷岩壁等火星车无法到达的地方,并通过末端的抓取机构对火星的土壤进行采样探测。在钩爪脚掌的制作上,采用先进的 SDM 工艺,将钩爪和柔性聚氨酯材料及硬质聚氨酯材料通过注塑的方法一体化成型,沿圆周阵列分布,形成对抓结构。机器人足部具有数百个钩爪足片,每个足片又包含三排钩爪,因此每个足端共有千余根钩爪,能提供约 15 kg 的抓附力,满足火星土壤、岩石等的采样需求。机器人自重 15 kg,可以在粗糙竖直表面与倾斜粗糙表面(倾角为 105°)攀爬。

JPL 于 2017 年还研制了 LEMUR 3 代爬壁机器人,如图 3.12 所示。机器人自重达到 35 kg,单腿具有 7 个自由度,进一步提高了机器人攀爬于复杂地形的灵活性与可靠性。机器人的肩关节装有更大扭矩的电机,末端执行器可以装载钩爪和黏附材料,分别用于粗糙壁面和光滑壁面的攀爬。

2021 年,伦敦帝国理工学院 Hendrik 等人开发了一个模块化的仿生爬壁机器人 X4,如图 3.13 所示,用于探索速度稳定性权衡及其与肢体摆动相动力学的相互作用。该机器人模仿蜥蜴的身体,脊柱、肩膀和四肢均可独立驱动,机器人足部采用钩爪与攀爬表面机械锁合,以产生稳定黏附。

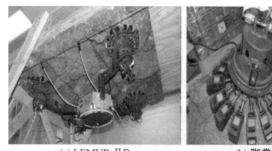  

(a) LEMUR ⅡB   (b) 脚掌   (c) LEMUR 3

图 3.11　LEMUR 系列机器人

(a) 粗糙壁面   (b) 光滑壁面

图 3.12　LEMUR 3 代机器人

图 3.13　模块化仿生爬壁机器人 X4

3.2　国内研制的钩爪式爬壁机器人

近年来,国内许多研究机构针对钩爪式爬壁机器人的控制策略、机身结构及附着脚掌机理等开展了相关研究,已经获得了不少的研究成果。

哈尔滨工程大学的陈东梁等人于 2010 年设计了一款钩爪式六足爬壁机器人,如图 3.14 所示。该机器人与斯坦福大学研制的 Spinybot Ⅱ 类似,机身采用平行四边形杆状结构。其由一个直流电机控制机器人的前进与后退,另有 6 个舵机控制 6 个脚掌的附着与脱附。每个脚掌的钩爪可根据接触面的粗糙程度由弹性钢针自动调整其俯仰程度。该机器人可在粗糙的竖直沙石墙面攀爬。

图 3.14　哈尔滨工程大学研制的六足爬壁机器人

南京邮电大学的徐丰羽等人于 2012 年设计了一款钩爪式八足爬壁机器人,如图 3.15 所示。该机器人机身质量为 800 g,机身采用平行四边形机构。平行四边形的两个连杆上分别安装两个矩形框架,每个框架的边角安装一个钩爪脚掌。每个脚掌由一个舵机控制附着与脱附,另有一个电机控制平行四边形摆动,实现机身的前进与后退。该机器人能够以 8 cm/s 的速度在粗糙竖直表面爬行。

中国科学技术大学的梅涛团队于 2012 年开始研制钩爪式爬壁机器人,如图 3.16 所示。受到毛毛虫蠕动爬行方式的启发,该团队设计了一款钩爪式爬壁机器人 ICBot。该机器人由上下两个机架组成,每个机架的 3 个末端安装 3 个钩爪结构。通过电机驱动曲柄滑块机构实现两个机架的相对运动,实现机器人的向前爬行动作。钩爪通过一个柔性板与机身连接,可根据表面粗糙程度自动调整

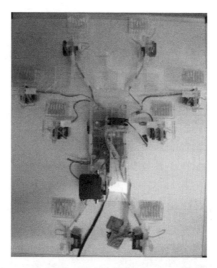

图 3.15　南京邮电大学研制的钩爪式八足爬壁机器人

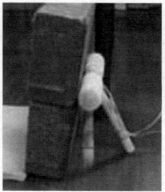

(a) ICBot爬壁机器人　　　(b) Tbot爬壁机器人　　　(c) 轮足混合式爬壁机器人

图 3.16　中国科学技术大学研制的爬壁机器人

弯曲幅度以适应表面。机器人机身质量仅为 30 g,可在粗糙的竖直表面爬行,但爬行速度较慢。该团队进一步设计了一款轮爪式爬壁机器人 Tbot,与美国加利福尼亚理工学院的 Parness 等人设计的 DROP 机器人类似,该机器人由两个爪轮和尾柄组成,整个机身呈现 T 字形。每个爪轮由包含 4 个钩刺的轮片聚合而成。整个轮片通过 3D 打印制成,为了让钩爪结构有一定的柔性适应接触表面,连接钩刺的连杆被设计成 S 形。每个轮式结构由一个直流电机进行控制,整个机器人质量为 60 g。经过测试可实现以 10 cm/s 的速度在粗糙的竖直砖墙面、竖直的泡沫板表面及皮革表面爬行。考虑到钩爪式轮式机器人的脱附方式为被动强制脱附,若在爬行表面遇到裂缝以及在容易刺入的软布表面爬行可能会卡在接触表面而难以脱附,结果将导致钩爪结构被破坏。因此该团队设计了一款轮足混合式爬壁机器人,该机器人质量为 84 g,由两个腿部结构、机身及尾部机构组成,其中腿部结构为切比雪夫四连杆结构,由一个直流电机驱动两个腿部结构交替钩附接触表面。尾部结构设计成被动车轮,减小了爬行过程中尾部与接触表面的摩擦力,在每个腿部结构的末端连接有钩爪脚掌阵列,其每个钩爪结构沿用了轮式爬壁机器人的 S 形钩爪连接设计。最终该轮足混合式爬壁机器人可实现以 4 cm/s 的速度在竖直的砖墙面及窗帘表面爬行。

2015 年,北京航空航天大学的 Wu 等人受壁虎和蜥蜴等四足动物在竖直表面爬行姿态的启发,发现腰部扭动在运动过程中起着重要作用,并由此建立了 GPL(Gecko inspired mechanism with one Pendular waist and four linear legs) 模型,基于该模型设计了钩爪式四足爬壁机器人 DracoBot,如图 3.17 所示。该机器人质量为 750 g,机身共有 5 个自由度,4 个舵机控制钩爪脚掌的钩附动作,另一个舵机控制机身腰部的扭动,从而实现机器人在竖直的布料表面前行。该机器人验证了 GPL 模型的有效性,通过机身腰部扭动减小了接触足端的驱动力,降低了攀爬过程中的能量消耗。

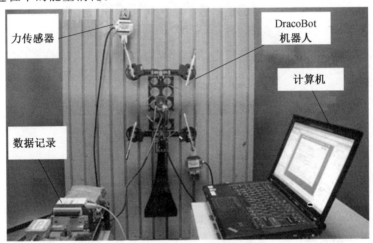

图 3.17　DracoBot 爬壁机器人

2021 年,中国科学院合肥物理研究所的 Bian 等人提出了一种新型爬壁机器人,采用齿轮传动系统和以蝉和壁虎为灵感的附着机制,如图 3.18 所示。驱动结构由五连杆和一个齿轮传动组成,用于手臂伸展,由伺服电机驱动。该机器人脚掌继承了仿生钩爪和仿生黏附材料,能够在布料、石头和玻璃表面实现良好的攀爬效果。

2021 年,西安理工大学的刘彦伟等人研制了一种基于旋转夹持器的履带式倒爬机器人 SpinyCrawler,如图 3.19 所示。受毛毛虫前爪的对置加持机构启发,设计了一种刺状夹持器。经试验验证,一个重 8 g 的刺状夹持器原型可提供

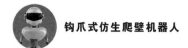

1.7 N 的最大黏附力,约为其自身质量的 20 倍。该机器人采用带反向抓取机构的带刺轨道,能够产生相当大的附着力,实现稳定的倒置面攀爬。

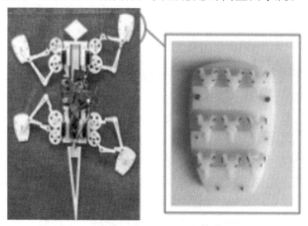

图 3.18　中国科学院的新型爬壁机器人

图 3.19　基于旋转夹持器的履带式倒爬机器人 SpinyCrawler

第 4 章

钩爪附着机理与模型分析

足 端钩爪在竖直粗糙表面作用时产生切向抓附力,为壁虎和昆虫的
爬行及附着提供动力。本章主要介绍钩爪与粗糙壁面的抓附机
理,包括竖直面内单向钩爪附着机理和对抓钩爪抓附机理,其中对抓钩爪
抓附机理又细分为竖直面内水平对抓的钩爪附着机理和倒置面内对抓钩
爪附着机理。

壁虎和昆虫可以用足端钩爪实现在粗糙壁面的爬行,这是因为钩爪在竖直粗糙表面作用时产生切向抓附力为爬行和附着提供动力。在竖直粗糙表面横向或向下爬行以及在倒置的粗糙表面爬行时,昆虫单纯依靠钩爪的单向切向抓附力无法完成爬行,这时昆虫会依靠钩爪和跗节的倒刺实现对抓,以提供足够的抓附力保证爬行与附着的稳定。大多数钩爪式爬壁机器人也是基于同样的抓附原理实现在粗糙表面的运动。

本章将分别建立单向钩爪的附着模型和对抓钩爪的附着模型,开展抓附机理分析,为钩爪式脚掌的设计提供理论依据。

4.1　竖直表面内单向钩爪附着机理

为分析昆虫在水平粗糙面爬行,主动地向前推进时的切向力与粗糙颗粒尺寸、钩爪尖端尺寸的关系,南京航空航天大学戴振东教授于 2002 年提出了昆虫钩爪与水平粗糙表面之间的作用模型。如图 4.1 所示,将昆虫钩爪与粗糙表面的粗糙颗粒间的接触模型简化为球面接触模型。当粗糙颗粒尺寸在 $50 \sim 100 \ \mu m$ 时,钩爪即可实现有效抓附,产生的推进力可达自重的 25 倍,足够完成自由爬行。该模型仅考虑了在水平表面上爬行的钩爪的作用。

当昆虫在竖直表面向上爬行,仅需要依靠钩爪的抓附力来克服重力。中国科学技术大学的刘彦伟于 2015 年建立了竖直粗糙表面内单向钩爪的球面接触模型,考虑了切向力与法向力因素,研究了粗糙颗粒尺寸、钩爪尖端尺寸、粗糙表面摩擦系数对抓附情况的影响,如图 4.2 所示。

由于接触表面是复杂的、不规律的,粗糙表面的凸起颗粒尺寸与颗粒间的相互距离也是随机多变的。为了更全面地表征钩爪与粗糙表面的接触情况,在竖直表面球面接触模型的基础上,引入了颗粒间的距离对附着性能的影响,讨论了钩爪尖端所适用的接触面范围。图 4.3 为钩爪尖端与一个随机的复杂粗糙表面的接触示意图,为了探究可产生稳定附着时钩爪尖端尺寸与复杂的接触表面的关系,将钩爪尖端简化为特定直径的圆,当钩爪与这些粗糙表面发生接触并沿表面发生滑动时,若满足钩附条件,钩爪将停止滑动并提供附着所需的力。分别用

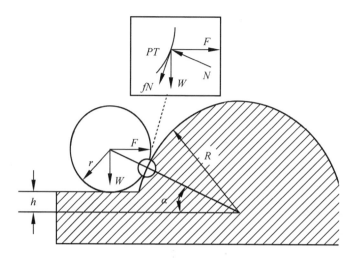

图 4.1　昆虫爪尖与地面的球面接触模型

r— 爪尖球面半径;R— 粗糙颗粒球面半径;F— 爪能提供的向前的切向推进力;W— 昆虫重力作用在爪尖的分力;N— 粗糙颗粒对爪尖的法向支持力;f— 爪尖与粗糙颗粒之间的摩擦系数;h—粗糙颗粒中心与粗糙颗粒表面间距离;α— 接触角

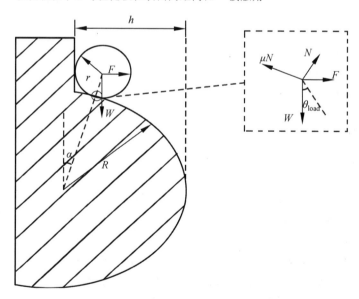

图 4.2　钩爪尖端在竖直粗糙面的球接触模型

尖端半径为 1 mm、2 mm、5 mm 和 10 mm 的钩爪沿粗糙表面 a 从左到右滑动时,将分别得到 b、c、d 和 e 的滑动轨迹,其中宽实线为尖端与粗糙表面 a 的有效接触区域。可见随着半径的增大,其有效接触区域逐渐减小。当钩爪尖端尺寸相对于粗糙表面凸起颗粒尺寸变得足够大时,粗糙凸起颗粒间的距离将影响钩爪附着状态,颗粒间距离越小,钩爪的尖端尺寸越大,钩爪尖端与粗糙表面有效接触区域越小,其与粗糙表面产生有效钩附的概率越低。

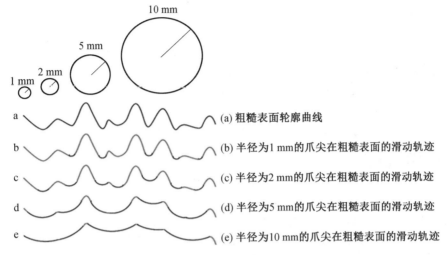

图 4.3　钩爪尖端尺寸与粗糙表面的相对关系

为进一步研究钩爪尖端尺寸与粗糙表面颗粒接触时的钩附条件,对所接触的表面进行简化,将凸起颗粒简化为一个具有一定半径的规则的圆形。不同凸起颗粒之间的距离为 d,凸起颗粒的半径为 R,凸起颗粒的埋入表面深度为 h。钩爪尖端为一个半径为 r 的圆。建立的钩爪与竖直接触表面的球面接触模型如图 4.4 所示。

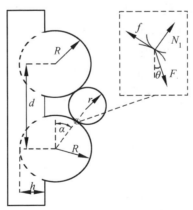

图 4.4　钩爪与竖直接触表面的球面接触模型

其中钩爪尖端所受外力 F 与竖直表面的夹角定义为载荷角,表示为 θ;钩爪尖端中心和凸起颗粒中心连线与接触平面的夹角定义为接触角,表示为 α;钩爪

尖端所受支持力为 N_1;与凸起颗粒表面之间的摩擦力为 f;钩爪尖端与凸起颗粒之间的最大静摩擦系数为 μ。根据经典的摩擦学理论可知,若

$$\mu N_1 > F\sin(\alpha + \theta) \tag{4.1}$$

即

$$\theta + \alpha < \arctan\mu \tag{4.2}$$

此时,钩爪能够稳定钩附在凸起颗粒上,否则,钩爪与接触表面将发生相对滑动。根据所建立的物理模型可以得到接触角 α 与其他参数之间的对应关系,从而得到能够产生有效附着时的钩爪尖端尺寸相对于粗糙凸起颗粒尺寸的最大值。

当凸起颗粒之间的距离 d 较大时,可忽略凸起颗粒的间距 d 对钩爪与凸起颗粒作用的影响,即

$$d \geqslant 2(r + R) \tag{4.3}$$

$$\alpha = \arcsin\left(\frac{h + r - R}{r + R}\right) \tag{4.4}$$

由此可知,当钩爪能够产生有效钩附时,钩爪的尖端尺寸与附着的凸起颗粒尺寸的极限比值 $r_{\max}/R$ 只与凸起颗粒的埋入深度 h 以及钩爪与附着表面的最大静摩擦系数 μ 有关,其对应关系如图 4.5(a) 所示,此时载荷角 θ 为 0°。为集中讨论各参数与粗糙表面凸起颗粒尺寸的相对关系,将粗糙凸起颗粒半径 R 归一化处理。可以看到,当凸起颗粒的相对埋入深度 h/R 越小,极限比值 $r_{\max}/R$ 越大,其能够产生有效附着的条件越低,当钩爪接触到相同埋入深度的凸起颗粒时,即其比值 r/R 小于极限值 $r_{\max}/R$ 时,钩爪同样满足钩附条件。当埋入深度 h 过大,极限比值 $r_{\max}/R$ 为 0,即使钩爪的尖端尺寸再小也无法实现钩附。另外,可以看到随着最大静摩擦系数的增大,极限比值 $r_{\max}/R$ 也将随之增大。当摩擦系数为定值时,如钩爪与接触表面的摩擦系数 μ 设为定值 0.5,将载荷角 θ 的大小作为协变参量,可以得到钩爪实现附着时钩爪尖端尺寸与粗糙颗粒埋入深度的关系,如图 4.5(b) 所示,其相对变化趋势与图 4.5(a) 相同。随着载荷角 θ 变大,其可实现附着时的钩爪尖端尺寸将变小,附着条件将变得更加苛刻。

当凸起颗粒之间的距离 d 较小时,此时需考虑 d 与凸起颗粒的埋入深度 h 之间的关系,即

$$d < 2(r + R) \tag{4.5}$$

$$\sqrt{(r + R)^2 - \left(\frac{d}{2}\right)^2} + R - r \geqslant h \tag{4.6}$$

$$\alpha = \arccos\left(\frac{d}{2r + 2R}\right) \tag{4.7}$$

当钩爪能够产生有效钩附时,钩爪的尖端尺寸与附着的凸起颗粒尺寸的极

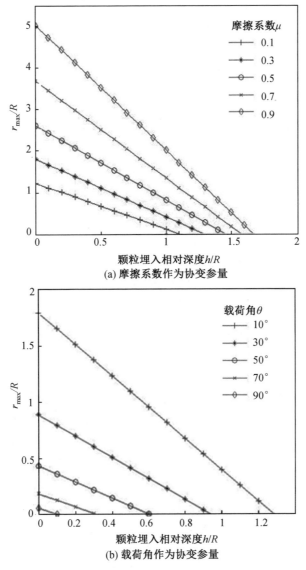

图 4.5　附着状态时钩爪尖端尺寸与凸起颗粒埋入深度的关系

限比值 r_{max}/R 只与凸起颗粒间的距离 d、载荷角 θ 以及钩爪与附着表面的最大静摩擦系数 μ 有关,设定载荷角 θ 为定值 $0°$,将钩爪与附着表面的摩擦系数 μ 作为协变参量,其对应关系如图 4.6(a) 所示。当凸起颗粒间的距离 d 越大,极限比值 r_{max}/R 越大,则呈线性关系变化。当载荷角 θ 作为协变参量,摩擦系数 μ 为 0.5 时,得到钩爪附着时钩爪尖端尺寸与粗糙颗粒埋入深度的关系如图 4.6(b) 所示。当粗糙凸起颗粒之间的尺寸过大无法满足式(4.5)或满足式(4.5)而不满足式(4.6)时,按式(4.4)来选择钩爪的尖端尺寸。

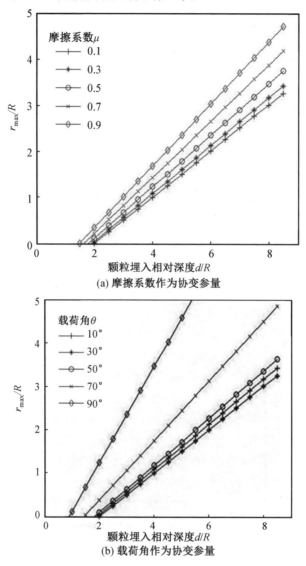

图 4.6 附着状态时钩爪尖端尺寸与凸起颗粒间距的关系

当接触角 α 不能满足式(4.2)时,需要额外提供预载力来使钩爪附着在粗糙的凸起颗粒上。为了讨论所需最小的预载力来实现钩爪的附着状态,所需最小的预载力为 F_P,定义附着补偿系数 c,则

$$c = F/F_P \tag{4.8}$$

附着补偿系数 c 的大小与接触角 α 有关,当满足式(2.2)所述条件,通过施加预载力即可使钩爪附着在粗糙接触凸起颗粒上。定义补偿角为 δ,则

$$\delta = \alpha + \theta - \arctan \mu \tag{4.9}$$

附着补偿系数 c 与补偿角 δ 的关系如图 4.7 所示。可以看到补偿角 δ 较小时,仅需较小的预载力 F_P 便可以满足钩爪在粗糙表面的附着条件。当补偿角 δ 小于 0.2 时,随着补偿角 δ 的增大,附着补偿系数 c 的值的下降速度较快,表示所需的最小预载力 F_P 以较大的幅度增长。当补偿角 δ 大于 0.6 时,其所需的最小预载力 F_P 变化幅度较小。图 4.7 的深色区域表示钩爪与粗糙凸起颗粒接触时的可附着区域。

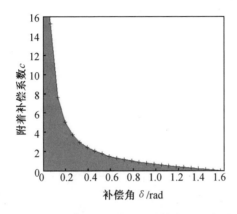

图 4.7　附着补偿系数 c 与补偿角 δ 的关系

4.2　对抓钩爪抓附机理

4.2.1　竖直表面内横向对抓的钩爪附着机理

中国科学院合肥智能机械研究所的刘彦伟在观察东方绢金龟(*Serica orientalis motschulsky*)的腿部结构时发现,东方绢金龟的后足跗节上分布了许多与钩爪弯曲方向相反的倒刺,这些倒刺非常粗壮,较前端钩爪尺寸稍小,如图 4.8 所示。在粗糙壁面向上爬行时前端钩爪起主要作用。但是当昆虫在壁面转弯或在一些倒置的粗糙表面或在竖直粗糙表面横向或者向下爬行时,昆虫单纯依靠钩爪的切向抓附力无法完成爬行,这时跗节上的倒刺也会与粗糙表面作用,通过钩爪与跗节的向内收紧,与钩爪方向相反的跗节与钩爪呈对抓的状态,这会提高昆虫足端的抓附能力,使得昆虫可以在更多复杂的环境下完成爬行。

在鸟类的足端也有同样的现象,如图 4.9 所示,当鸟在一些粗糙或者竖直的表面想要停靠时,脚趾会呈现对抓的姿态进行抓附,同时尾巴会压在竖直表面维持身体的平衡。

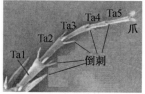
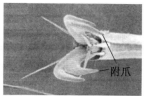

(a) 足部结构　　　　　　　　(b) 跗节结构　　　　　　　(c) 前跗节结构

图 4.8　东方绢金龟后足扫面电镜图

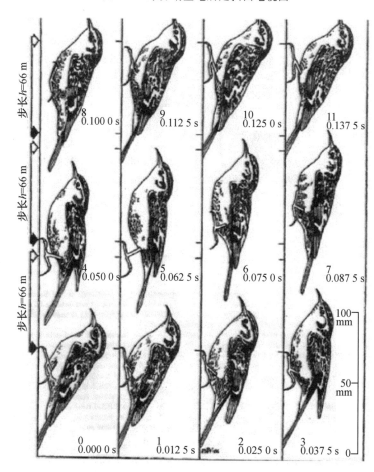

图 4.9　鸟在粗糙竖直表面的抓附

在 4.1 节中,关于竖直表面上单向钩爪附着机理的分析考虑到了在竖直粗糙表面向上爬行时单个钩爪与粗糙表面的作用。但是当钩爪爬壁机器人采用对抓钩爪在粗糙竖直表面横向爬行时,钩爪尖端与粗糙表面作用产生的切向抓附力不仅需要平衡重力,还需要保持钩爪在粗糙表面的抓附,即维持钩爪在粗糙竖直表面的稳定,竖直表面内横向作用时的对抓模型如图 4.10 所示。

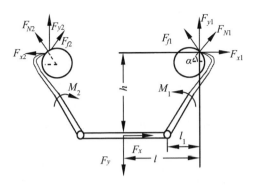

图 4.10　对抓钩爪竖直表面内横向对抓模型

假设对抓钩爪的抓附表面粗糙颗粒是均匀分布且大小一致的，M_1 和 M_2 分别为施加在对抓钩爪脚掌 1 和 2 上的驱动转矩，使得钩爪脚掌上的钩爪可以完成与表面粗糙颗粒的接触与抓附作用；α 为接触角，爪尖受到壁面的法向支持力分别为 F_{N1}、F_{N2}，摩擦力为 F_{f1}、F_{f2}，爪尖受到壁面的作用力在 x、y 坐标方向的分力分别为 F_{x1}、F_{x2}、F_{y1}、F_{y2}，F_x、F_y 为对抓钩爪能够提供的水平切向力与竖直切向力。由受力平衡可得

$$M_1 - F_{x1}h + F_{y1}l_1 = 0 \tag{4.10}$$

$$-M_2 + F_{x2}h - F_{y2}l_1 = 0 \tag{4.11}$$

$$F_x = F_{x1} - F_{x2} \tag{4.12}$$

$$F_y = F_{y1} + F_{y2} \tag{4.13}$$

对抓钩爪横向作用于竖直粗糙面时，假设对抓钩爪尖端在表面粗糙颗粒作用点在同一水平表面，相对应的一组对抓钩爪尖端受到的水平切向作用力 F_{x1} 和 F_{x2} 方向相反，大小相同，保持平衡，对于相对应的一组对抓钩爪尖端受到的切向作用力 F_{y1} 和 F_{y2} 相等且方向相同，由式 (4.10) ～ (4.13) 可得

$$F_{x1} = F_{x2} = \frac{2M_1 + F_y l_1}{2h} \tag{4.14}$$

则钩爪尖端在竖直表面内垂直方向的载荷角 θ 为

$$\theta = \arctan \frac{F_{x1}}{F_{y1}} = \arctan \frac{2M_1 + F_y l_1}{F_y h} \tag{4.15}$$

对于粗糙竖直表面水平抓附的对抓钩爪主要提供竖直切向作用力 F_y 用来平衡机构重力，实现对抓钩爪机构在粗糙竖直表面的附着。由式 (4.15) 可以看出单个钩爪的载荷角与对抓钩爪驱动力作用点距离钩爪尖端作用面的竖直方向高度 h，对抓钩爪驱动力作用点距离钩爪尖端作用点的水平方向距离 l_1，以及对抓钩爪脚掌 1 受到的驱动力矩 M 有关。当对抓钩爪结构一定时，增大对抓钩爪脚掌 1 受到的驱动力矩 M 可以减小单个钩爪的载荷角 θ，提高对抓钩爪在竖直粗糙表面的抓附性能。当其他条件不变时，通过减小对抓钩爪驱动力作用点距离

钩爪尖端作用点的水平方向距离 l_1 可以减小单个钩爪的载荷角 θ，同理增大对抓钩爪驱动力作用点距离钩爪尖端作用面的竖直方向高度 h 也可以减小单个钩爪的载荷角 θ，提高对抓钩爪在倒置粗糙表面的附着性能。

对抓钩爪机构的单侧钩爪在粗糙竖直表面水平作用模型如图 4.11 所示，将粗糙表面的颗粒假设为附在光滑壁面的半球体，将钩爪尖端假设为球体，当对抓钩爪在竖直粗糙表面水平作用时，钩爪尖端与粗糙颗粒的接触可分为俯视方向与主视方向两个方向的受力。俯视方向如图 4.11（b）所示，俯视方向下钩爪尖端与表面颗粒间的接触等效为圆与半球的接触，此时钩爪尖端受到对抓钩爪向内抓附方向的横向作用力 F，N_0 为钩爪尖端受到颗粒半球的法向作用力，β 为钩爪尖端与粗糙颗粒的水平接触角，μ 为钩爪尖端与粗糙表面颗粒之间的摩擦系数，R 为表面粗糙颗粒半球的半径，r 为钩爪尖端球体半径，h 为表面颗粒顶端与假想光滑表面间的高度差。

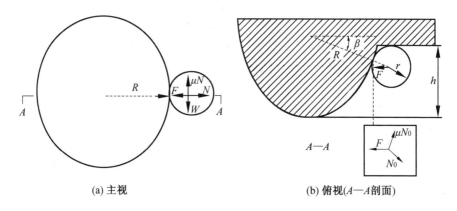

(a) 主视　　　　　　　　　　　(b) 俯视（A—A剖面）

图 4.11　钩爪尖端竖直粗糙表面水平作用球面接触模型

由受力平衡可得

$$F = N_0\cos \beta + \mu N_0\sin \beta \tag{4.16}$$

$$\mu N_0\cos \beta = N_0\sin \beta \tag{4.17}$$

由式（4.17）可得

$$\beta = \arctan \mu \tag{4.18}$$

由式（4.18）可以看出，钩爪尖端在竖直粗糙表面水平作用时，钩爪尖端在俯视方向与粗糙表面的水平接触角 β 只与摩擦系数 μ 有关，两者之间为反正切函数的关系，摩擦系数 μ 越大，则钩爪尖端在水平方向与粗糙壁面作用的角度 β 越大。这说明当表面光滑时，钩爪作用倾向于通过减小钩爪尖端与表面的角度 β 来增大钩爪尖端受到的切向力，以实现钩爪脚掌在竖直表面的横向抓附；当粗糙表面摩擦系数 μ 较大时，钩爪与粗糙表面的水平接触角 β 相应增大，使得钩爪尖端在竖直表面受到的法向力增大，以平衡钩爪在竖直表面受到的法向作用力。

图 4.11(a) 所示为钩爪尖端与竖直粗糙表面水平作用的主视方向,即钩爪尖端在竖直表面内与粗糙颗粒半球体的接触作用模型。在竖直作用方向,当钩爪尖端作用方向水平时,钩爪尖端在水平方向垂直于表面的粗糙颗粒半球体,此时需要重力完全由钩爪尖端的静摩擦力平衡,当钩爪尖端与粗糙颗粒之间的摩擦系数一定时,需要粗糙表面颗粒半球对钩爪尖端产生更大的法向支持力,也就是说,对抓机构需要提供的内收的主动力要更大。

当钩爪尖端作用方向与水平方向成一定角度时,此时需要将钩爪尖端的作用分为水平方向上侧和下侧两种情况,对于这两种情况的受力情况分别如图 4.12(a)、(b) 所示。图 4.12 中 F 为钩爪尖端受到对抓钩爪向内抓附方向的横向作用力,N_1 为钩爪尖端在上侧作用时受到颗粒半球的法向作用力,N_2 为钩爪尖端在下侧作用时受到颗粒半球的法向作用力,W 为钩爪尖端的重力分力,α_1 为钩爪尖端与粗糙颗粒在水平方向上侧的竖直方向接触角,α_2 为钩爪尖端与粗糙颗粒在水平方向下侧的竖直方向接触角,μ 为钩爪尖端与粗糙表面颗粒之间的摩擦系数,R 为表面粗糙颗粒半球的半径,r 为钩爪尖端球体半径,θ 为钩爪尖端在竖直表面内垂直方向的载荷角,载荷角的正切值为水平作用力 F 与钩爪尖端的重力分力 W 的比值。

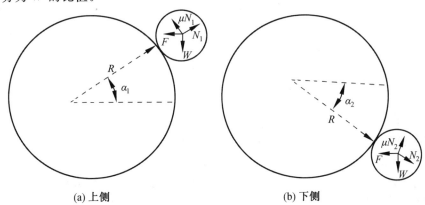

(a) 上侧　　　　　　　　　　　　　(b) 下侧

图 4.12　钩爪尖端竖直粗糙表面水平作用球面接触分区模型

图 4.12(a) 为钩爪尖端作用在水平方向上侧时钩爪尖端的受力情况,由受力平衡可得

$$F + \mu N_1 \sin \alpha_1 = N_1 \cos \alpha_1 \tag{4.19}$$

$$\mu N_1 \cos \alpha_1 + N_1 \sin \alpha_1 = W \tag{4.20}$$

由式(4.19) ~ (4.20)可得

$$\frac{F}{W} = \frac{\cos \alpha_1 - \mu \sin \alpha_1}{\mu \cos \alpha_1 + \sin \alpha_1} \tag{4.21}$$

对于载荷角 θ 有

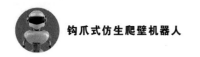

$$\tan \theta_1 = \frac{F}{W} = \frac{1 - \mu \tan \alpha_1}{\mu + \tan \alpha_1} \tag{4.22}$$

由式(4.22)整理得

$$\theta_1 = \arctan \frac{1}{\mu} - \alpha_1 \tag{4.23}$$

图 4.12(b)为钩爪尖端作用在水平方向下侧时钩爪尖端的受力,由受力平衡可得

$$F + \mu N_2 \sin \alpha_2 = N_2 \cos \alpha_2 \tag{4.24}$$

$$\mu N_2 \cos \alpha_2 - N_2 \sin \alpha_2 = W \tag{4.25}$$

由式(4.24)~(4.25)可得

$$\frac{F}{W} = \frac{\cos \alpha_2 + \mu \sin \alpha_2}{\mu \cos \alpha_2 - \sin \alpha_2} \tag{4.26}$$

对于载荷角 θ 有

$$\tan \theta_2 = \frac{F}{W} = \frac{1 + \mu \tan \alpha_2}{\mu - \tan \alpha_2} \tag{4.27}$$

由式(4.27)整理得

$$\theta_2 = \arctan \frac{1}{\mu} + \alpha_2 \tag{4.28}$$

由式(4.23)和式(4.28)可以看出,钩爪尖端在竖直表面内垂直方向的载荷角只与粗糙表面的摩擦系数以及钩爪尖端与粗糙颗粒在水平方向上侧的竖直方向接触角有关,但钩爪尖端与表面粗糙颗粒的方位不同导致受力情况不同,所以钩爪尖端在水平方向上侧及下侧时受抓附表面颗粒粗糙系数及接触角的影响也不一样。由式(4.23)得到图 4.13(a),可以看出当钩爪尖端位于粗糙颗粒上侧时,且钩爪尖端与粗糙表面颗粒之间的摩擦系数 μ 一定时,钩爪尖端在竖直方向的载荷角 θ 随着钩爪尖端与粗糙颗粒在水平方向上侧的竖直方向接触角 α 的增大而线性减小,即钩爪尖端在粗糙颗粒的假象球面的作用点在水平方向上侧且越靠近球面顶端时,钩爪尖端的载荷角 θ 越小。这表示当钩爪尖端受到的重力分力 W 一定时,钩爪尖端在粗糙颗粒球面的作用点在水平方向上侧且越靠近球面顶端,对抓钩爪尖端所需的主动内收的横向作用力 F 越小。当钩爪尖端与粗糙颗粒在水平方向上侧的竖直方向接触角 α 一定时,钩爪尖端与粗糙表面颗粒之间的摩擦系数 μ 越大时,钩爪尖端的载荷角 θ 越小,这表明钩爪尖端与粗糙表面颗粒之间的摩擦系数 μ 越大时,对抓钩爪尖端所需的主动内收的横向作用力 F 越小。由式(4.28)得到图 4.13(b),可以看出当钩爪尖端位于粗糙颗粒下侧时,且钩爪尖端与粗糙表面颗粒之间的摩擦系数 μ 一定时,钩爪尖端在竖直方向的载荷角 θ 随着钩爪尖端与粗糙颗粒在水平方向下侧的竖直方向接触角 α 的增大而线性增大,即钩爪尖端在粗糙颗粒球面上的作用点在水平方向下侧且越靠近球

面底端时,钩爪尖端的载荷角 θ 越大,这表示当钩爪尖端受到的重力分力 W 一定时,钩爪尖端在粗糙颗粒假设的球面的作用点在水平方向上侧且越靠近球面底端,对抓钩爪尖端所需要的主动内收的横向作用力 F 越大。当钩爪尖端与粗糙颗粒在水平方向下侧的竖直方向接触角 α 一定时,钩爪尖端与粗糙表面颗粒之间的摩擦系数 μ 越大,钩爪尖端的载荷角 θ 越小,也就是说,钩爪尖端与粗糙表面颗粒之间的摩擦系数 μ 越大时,对抓钩爪尖端所需要的主动内收的水平作用力 F 越小。

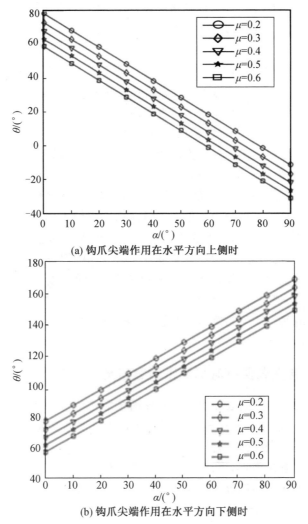

(a) 钩爪尖端作用在水平方向上侧时

(b) 钩爪尖端作用在水平方向下侧时

图 4.13　钩爪尖端竖直方向接触角、摩擦系数对载荷角的影响

结合式(4.18)得到图 4.14,可知钩爪尖端与粗糙表面颗粒之间的摩擦系数

μ 越大,则钩爪尖端在水平方向与粗糙壁面作用时的角度越大,但此时无论钩爪尖端位于粗糙颗粒上侧还是下侧,钩爪尖端与粗糙颗粒在水平方向上侧的竖直方向接触角 α 都是减小的。在钩爪尖端在粗糙颗粒上的作用点的方位可以体现为,当钩爪尖端与粗糙表面颗粒之间的摩擦系数 μ 增大时,钩爪尖端在粗糙颗粒上的作用点在水平表面会更倾向于远离假设的光滑竖直表面;钩爪尖端在粗糙颗粒上的水平方向内收的力 F 可以体现为,当钩爪尖端与粗糙表面颗粒之间的摩擦系数 μ 增大时,钩爪尖端在粗糙颗粒上所需水平方向内收的力 F 减小。当钩爪尖端与粗糙颗粒在竖直方向接触角 α 为 0 时,则水平方向上下两侧的竖直方向载荷角 θ 相同,也就是钩爪尖端在粗糙颗粒的作用点恰好位于粗糙颗粒假设球面的中间位置时。

对于钩爪尖端在粗糙颗粒中间位置的水平方向上下两侧这两种情况的区别如图 4.14 所示,在钩爪尖端与粗糙表面颗粒之间的摩擦系数 μ 一定时,位于水平方向两侧的钩爪尖端的载荷角 θ 随竖直方向接触角 α 变化的趋势是相反的。对于钩爪尖端位于粗糙颗粒上侧,钩爪尖端在竖直方向的载荷角 θ 随着钩爪尖端与粗糙颗粒在水平方向上侧的竖直方向接触角 α 的增大而线性减小使得相同重力分力 W 下所需的内收水平方向作用力 F 较小,而钩爪尖端位于粗糙颗粒下侧所需的内收水平方向作用力 F 较大,说明钩爪尖端位于粗糙颗粒上侧更符合使对抓钩爪主动力减小的设计理念。但由于对抓钩爪应用于爬壁机器人要实现在竖直表面任意方向的爬行,钩爪尖端的作用点实际上是不固定的,钩爪尖端可能位于粗糙颗粒上侧,也可能在下侧,因此钩爪脚掌采用了对称设计,从而对抓钩爪在竖直墙面任意方向都有钩爪尖端位于粗糙颗粒上侧,以提高对抓钩爪的抓附性能和抓附效率。同时,为避免钩爪尖端位于粗糙颗粒下侧带来的抓附失效,将对抓钩爪脚掌的两侧倾斜角降低,以提高对抓钩爪应用于爬壁机器人的抓附性能和抓附稳定性。

4.2.2 倒置表面内对抓钩爪附着机理

对抓钩爪在粗糙竖直表面水平作用球面接触模型更多地考虑了钩爪在竖直表面内的切向力,通过对抓的模式实现对抓钩爪在竖直粗糙表面的固定。而对抓钩爪在粗糙倒置表面作用时,由于对抓钩爪作用表面与重力方向的方位变换,则需要更多地考虑在竖直方向上对抓钩爪的法向抓附力引起的摩擦力与重力的平衡。对抓钩爪在粗糙倒置表面作用的主要问题是实现钩爪在粗糙表面的法向抓附,通过多个钩爪进行对抓实现整个对抓钩爪机构在法向抓附力的提升,使得整个机构抓附更加稳定。同时通过对抓模式实现对抓钩爪在倒置的水平表面的固定,进而使得对抓钩爪机构能够作为钩爪爬壁机器人的足端结构实现粗糙倒置表面的抓附,对抓钩爪的模型如图 4.15 所示。

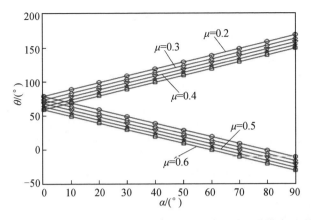

图 4.14　钩爪尖端竖直方向不同方位接触角、摩擦系数对载荷角的影响对比

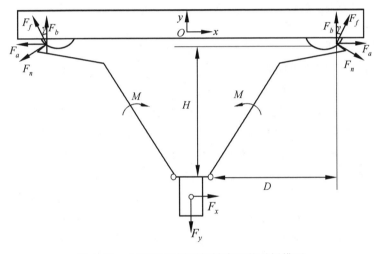

图 4.15　对抓钩爪倒置粗糙表面的对抓模型

　　假设对抓钩爪的抓附表面粗糙颗粒是均匀分布且大小一致的，M 为对抓钩爪脚掌 1 和 2 受到的驱动力矩，使得钩爪脚掌上的钩爪可以完成与表面的粗糙颗粒的接触与抓附作用；假设对抓钩爪尖端与表面粗糙颗粒的作用点处于同一水平表面，γ 为钩爪尖端在倒置表面竖直方向的载荷角，相对应的对抓钩爪尖端载荷角相同；钩爪尖端受到表面粗糙颗粒的法向支持力为 F_n，受到的摩擦力为 F_f；钩爪尖端受到的 x、y 方向的作用力分别为 F_a、F_b；对抓钩爪机构在同一水平竖直表面内相对应的一组对抓钩爪受到的 x、y 方向的合力分别为 F_x、F_y；H 为对抓钩爪驱动力作用点距离钩爪尖端作用面的竖直方向高度，D 为对抓钩爪驱动力作用点距离钩爪尖端作用点的水平方向距离。由受力平衡可得

$$M = F_a H - F_b D \qquad (4.29)$$

$$F_x = F_a - F_a = 0 \qquad (4.30)$$

$$F_y = 2F_b \tag{4.31}$$

对抓钩爪作用于倒置粗糙表面时,切向抓附力为 0,相对应的一组对抓钩爪尖端受到的切向作用力 F_a 方向相反、大小相同以保持切向平衡。而相对应的一组对抓钩爪尖端法向作用力 F_b 相等且方向相同,由式(4.29)~(4.31)可得

$$F_a = \frac{M + F_b D}{H} \tag{4.32}$$

倒置表面竖直方向载荷角 γ 为

$$\gamma = \arctan \frac{F_a}{F_b} = \arctan \frac{M + F_b D}{F_b H} \tag{4.33}$$

本节所建立的对抓模型主要应用于对抓钩爪在粗糙倒置表面的抓附。由式(4.33)可以看出单个钩爪的载荷角与对抓钩爪驱动力作用点距离钩爪尖端作用面的竖直方向高度 H,对抓钩爪驱动力作用点距离钩爪尖端作用点的水平方向距离 D,以及对抓钩爪脚掌 1 和 2 受到的驱动力矩 M 有关。当对抓钩爪结构一定时,增大对抓钩爪脚掌 1 和 2 受到的驱动力矩 M 可以减小单个钩爪的载荷角 γ,提高对抓钩爪在倒置粗糙表面的抓附性能。当其他条件不变时,通过减小对抓钩爪驱动力作用点距离钩爪尖端作用点的水平方向距离 D 可以减小单个钩爪的载荷角 γ,同理增大对抓钩爪驱动力作用点距离钩爪尖端作用面的竖直方向高度 H 也可以减小单个钩爪的载荷角 θ,提高对抓钩爪在倒置粗糙表面的附着性能。

对抓钩爪机构的单侧钩爪在粗糙倒置表面作用模型如图 4.16 所示,图中 F 为钩爪尖端受到对抓钩爪向内抓附方向的水平方向作用力,N 为钩爪尖端受到颗粒半球的法向作用力,W 为钩爪尖端的重力分力,α 为钩爪尖端与粗糙颗粒的竖直表面接触角,μ 为钩爪尖端与粗糙表面颗粒之间的摩擦系数,R 为表面粗糙颗粒半球的半径,r 为钩爪尖端球体半径,h 为粗糙颗粒半球体在假想倒置表面内的高度,γ 为钩爪尖端在倒置表面竖直方向的载荷角,载荷角的正切为水平方向作用力 F 与钩爪尖端的重力分力 W 的比值。

由受力平衡可得

$$F = \mu N \sin \alpha + N\cos \alpha \tag{4.34}$$

$$\mu N \cos \alpha = W + N\sin \alpha \tag{4.35}$$

由式(4.34)~(4.35)可得

$$\frac{F}{W} = \frac{\mu \sin \alpha + \cos \alpha}{\mu \cos \alpha - \sin \alpha} \tag{4.36}$$

对于载荷角 γ 有

$$\tan \gamma = \frac{F}{W} = \frac{\mu \tan \alpha + 1}{\mu - \tan \alpha} \tag{4.37}$$

由式(4.37)整理得

$$\gamma = \arctan \frac{1}{\mu} + \alpha \tag{4.38}$$

同时由图 4.16 可知,

$$\sin \alpha = \frac{R - h + r}{R + r} = 1 - \frac{h}{R + r} \tag{4.39}$$

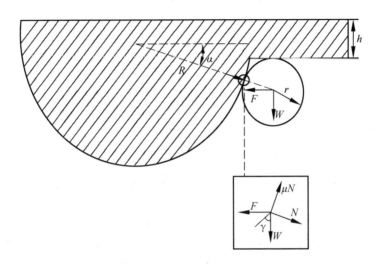

图 4.16　钩爪尖端粗糙倒置表面作用球面接触模型

由式(4.38)得到图 4.17,可以看出,当对抓钩爪尖端附着在倒置粗糙面内的粗糙颗粒时,钩爪尖端的载荷角 γ 与钩爪尖端与粗糙表面颗粒之间的摩擦系数 μ 和竖直表面的接触角 α 有关。当摩擦系数 μ 一定,γ 随着接触角 α 的增大而线性增大,即钩爪尖端在倒置表面的粗糙颗粒上滑动时,作用点越靠近假想的天花板表面与粗糙颗粒的交点时,钩爪尖端的载荷角越小。这表明当钩爪尖端受到的重力分力 W 一定时,钩爪尖端在粗糙颗粒作用点越靠近假想的天花板表面与粗糙颗粒的交点时,对抓钩爪尖端所需要的主动内收的水平方向作用力 F 越小。当接触角 α 一定时,摩擦系数 μ 越大,钩爪尖端的载荷角 γ 越小,即摩擦系数 μ 越大,对抓钩爪尖端所需要的主动内收的水平方向作用力 F 越小,即对抓钩爪作用的倒置表面的颗粒越粗糙,抓附性能越好。

由式(4.39)得到图 4.18,可以看出,当对抓钩爪尖端作用在倒置粗糙表面的粗糙颗粒时,钩爪尖端与粗糙颗粒的竖直表面接触角 α 与钩爪尖端半径 r、粗糙颗粒半径 R 均有关系。由图 4.18 可以看出,当粗糙颗粒半径 R 与粗糙颗粒半球体在假想倒置表面内的高度 h 一定时,钩爪尖端半径 r 越小,对抓钩爪尖端要实现在倒置粗糙表面的附着所需的对抓的横向作用力 F 越小。当粗糙颗粒半径 R 与钩爪尖端半径 r 一定,粗糙颗粒半球体在倒置表面内的高度 h 越小,对抓钩爪尖端要实现在倒置粗糙表面的附着所需的对抓的横向作用力 F 越小,也就是粗

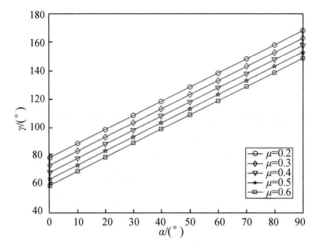

图 4.17　钩爪尖端粗糙倒置表面作用接触角、摩擦系数对载荷角的影响

糙倒置表面的粗糙颗粒半球体在假想倒置光滑表面外的半球体裸露体积越大，越有利于对抓钩爪的抓附。

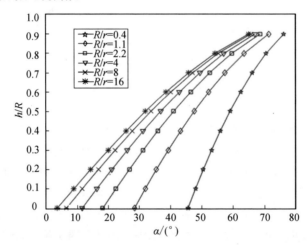

图 4.18　钩爪尖端半径、粗糙颗粒半径对倒置竖直表面接触角的影响

滚轮式钩爪爬壁机器人

滚 轮式钩爪爬壁机器人是一种可以实现地—壁过渡的机器人。本章主要介绍滚轮式钩爪爬壁机器人的机身结构设计、机器人柔性部件设计、机器人钩爪设计、机器人抓附静力学分析，并开展爬行试验验证。

本书第 4 章研究了竖直表面内单向钩爪、竖直表面内水平对抓钩爪以及倒置表面内对抓钩爪的抓附机理。本书将设计各类钩爪式爬壁机器人，以验证抓附模型分析的准确性。

　　轮式和履带式移动机器人移动速度较快，机动性能较好。足式机器人对地形的适应能力较好，有着较强的越障能力。本章开展滚轮式钩爪爬壁机器人的研制，以验证竖直表面内单向钩爪的抓附。

　　滚轮式钩爪爬壁机器人包括机身、用于附着的钩爪、用于安装钩爪的柔性部件和用于驱动机身滚动的电机等。

5.1　滚轮式钩爪爬壁机器人的机身设计

　　滚轮式钩爪爬壁机器人机身设计包括前端用于放置电池与电机的底板以及末端 Y 形的流线型尾部，如图 5.1 所示。Y 形尾部较薄并做了镂空处理，极大地减轻了机器人的质量，Y 形尾部的三段分支上都设有加强筋，在保证轻薄的同时保证了结构较高的强度。Y 形结构可以实现三个作用：

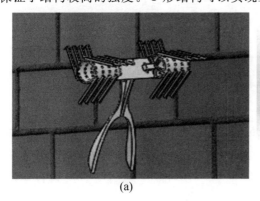
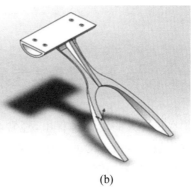

(a)　　　　　　　　　　　　　　　　(b)

图 5.1　机器人支承件

　　(1) 可以在爬壁过程中为机器人提供一个抗倾覆力矩。

　　(2) 分开的尾部跨度较大，可以提供水平方向的平衡作用，防止机器人爬升

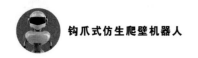

竖直表面时出现偏向的现象。

（3）如果粗糙壁面存在粗糙程度突变导致机器人无法稳定抓附从而掉落时，Y形结构可以让机器人自身实现翻转，并且前进方向不会产生角度的变化，机器人依然可以继续沿之前的方向稳定爬行。

机器人采用多排长方形阵列镂空的滚轮设计，结构轻薄而强度高，如图5.2所示。镂空的长方形孔用于固连硅胶柔性部件，柔性部件末端装配弯曲为特定形状的钩爪，硅胶与曲形针构成用于抓附粗糙表面的钩爪机构。滚轮上装有四圈钩爪机构的圆周阵列，每个圆周阵列由三个钩爪机构组成。机器人爬壁时，随着滚轮转动，每个钩爪机构先是以曲形针接触到粗糙表面并产生抓附，然后橡胶条顺着滚轮弯曲，钩爪保持抓附，滚轮继续转动，直到曲形针成为此钩爪机构上唯一与表面接触的点，然后钩爪自然脱离表面，此钩爪机构的抓附动作结束。钩爪机构抓附结束后具有弹性的橡胶条迅速恢复抓附前的形状，为下一次抓附做准备。在前一个钩爪机构脱附前，后一个钩爪机构已经开始抓附，如此保持机器人时刻具有抓附于竖直表面的能力。设计四圈钩爪阵列的目的是为了避免出现单个钩爪滑落的现象，增加抓附性能的稳定性，同时增大抓附力，保证机器人能够正常爬升竖直的粗糙表面。

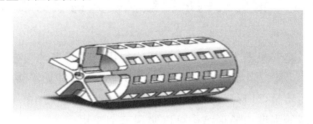

图 5.2　机器人滚轮

5.2　滚轮式钩爪爬壁机器人的柔性部件

在机器人的设计过程中，经常会因为机构过于复杂而导致装配失败或者可靠性不强。滚轮式钩爪爬壁机器人的机身支承件与滚轮均采用增材制造技术，一体化成型，采用熔融沉积制造工艺（Fused Deposition Mode，FDM）材料，减轻机构质量的同时增大了结构强度。

滚轮式钩爪爬壁机器人采用柔性部件与硬质材料一体化成型的制作工艺，柔性部件是机器人设计的关键部分之一。因为如果柔性不足，对于滚轮式爬壁机器人来说，将会无法实现有效的抓附或脱附。同时，还应考虑以下几点：

(1) 由于单个钩爪承载的极限应力有限,容易发生弯曲变形,且变形后钩爪弯曲的角度会发生改变,导致抓附性能变差,甚至无法有效抓附,因此钩爪的分布应当均匀以避免应力过于集中。

(2) 相邻钩爪之间有足够的独立性,从而保证它们之间相互不受影响,在抓附过程中,当其中一个钩爪抓附在壁面上的凸峰或凹谷等表面形成机械锁合后,其他未实现有效抓附的钩爪可以继续沿着壁面滑动,寻找可抓附表面;滚轮圆周方向上的每排钩爪应具有独立性,排与排之间不互相干扰;每排里的每个钩爪应具有独立性,单个钩爪间应保证不互相干扰。在抓附过程中,其中一部分钩爪与表面的粗糙颗粒机械锁合后,其他尚未实现有效附着的钩爪可以继续沿着表面滑动,直到实现稳定的机械锁合。

(3) 机器人柔性部件的选材较为关键,如果柔性过小,则无法很好地适应壁面局部曲率,甚至无法弯曲,如果柔性过大,则无法为钩爪提供使其贴紧壁面的足够预压力。

柔性部件的长度和刚度为首要的考虑因素,滚轮式机器人连续攀爬时柔性部件发生弯曲变形并与滚轮表面贴合,如果柔性部件长度太短,则在前一排钩爪即将脱附时,后一排钩爪尚未到达粗糙表面,无法延续稳定抓附,从而会导致机器人掉落。同时,如果柔性部件长度过长,则会增加冗余干扰、相互缠绕的可能性,从而影响抓附性能,甚至无法抓附。本书采用的柔性部件长度约为滚轮周长的二分之一,此时机器人可以稳定爬行于粗糙壁面。

柔性部件的刚度也是重要的因素之一。柔性部件的弯曲刚度是当柔性部件发生形变时弯曲部分抵抗变形的力,这取决于柔性部件的形状和材料特性。主要弯曲失效模式如图 5.3 所示,所有这些都与弯曲性能和设计有关,模式 b 和 c 与弯曲刚度有关。如图 5.3 模式 c 所示,刚度不足将导致钩爪沿着表面从表面刮擦而从未与壁面接合。在图 5.3 模式 b 中,柔性部件弯曲刚度过大导致滚轮被推离壁面,机器人的重心距离墙壁更远,增加了机身尾部的反作用力,从而需要电机提供更大的扭矩以使得柔性部件缠绕在滚轮上并增加钩爪处所需的黏附力。在图 5.3 模式 d 中,柔性部件刚度不足,导致钩爪发生侧偏失效,无法有效抓附。

前文所提及的 RISE V2、BOB、DROP 及 LEMUR ⅡB 等爬壁机器人大多采用形状沉积制造技术,将硬质钩爪与柔性聚氨酯材料一体化成型,具有较高的精度与较强的壁面适应性。SDMC 形状沉积法流程如图 5.4 所示,首先通过增材制造的方法制造模具,并将钩爪事先置于模具的空腔内,通过形状沉积法将钩爪、硬质部件和柔性部件一体化成型,从而得到完整的柔性轮式机构。

本书选用厚度为 3 mm 的硅胶条作为柔性部件,硅胶的弹性模量约为 1.2 GPa,泊松比约为 0.48,满足钩爪抓附脱附所需的弯曲性能要求,钩爪则嵌入安装于硅胶条的末端位置。图 5.5 所示为使用硅胶作为柔性部件的滚轮式钩

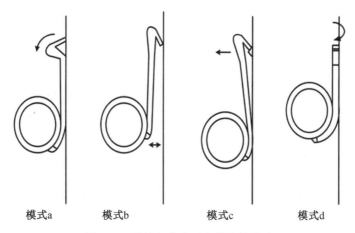

模式a　　　模式b　　　模式c　　　模式d

图 5.3　柔性部件主要弯曲失效模式

(a) 3D 建模　　(b) 在空腔中放置钩爪　　(c) 铸造硬质聚氨酯模具

(d) 在空腔中浇注柔性聚氨酯　(e) 去除多余的聚氨酯　(f) 组装滚轮

图 5.4　形状沉积法流程

爪爬壁机器人抓附在粗糙表面及硅胶的弯曲变形过程。图 5.6 所示为柔性部件发生弯曲变形的过程。

图 5.5   机器人抓附

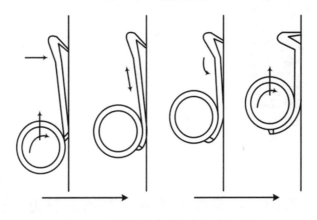

图 5.6   柔性部件发生弯曲变形的过程

5.3   滚轮式钩爪爬壁机器人的钩爪设计

美国波士顿动力公司、加利福尼亚大学、JPL 实验室等研制的系列钩爪爬壁机器人在钩爪选型上多采用鱼钩,鱼钩一般具有较大的刚度,优势是在机器人反复的爬壁过程中不易弯曲变形,但是往往尖端直径较大,初始弯曲角度不可人为调整,适合爬行一些粗糙度较高的岩石表面。本书采用尖端直径为 0.25 mm 的针灸针作为机器人钩爪,嵌入硅胶垫内并通过手工弯曲成一定角度,操作较为简便,可以根据需要调节钩爪与粗糙表面粗糙颗粒间的接触角度,缺点是反复爬行实验中钩爪容易发生微量变形从而影响抓附性能,在爬行一定次数之后,需要更换新的针灸针。

美国斯坦福大学的 Asbeck 等人实验测试了钩爪与粗糙壁面颗粒间的接触角度对抓附性能的影响。实验选取的接触角度 α 分别为 $0°$、$45°$、$60°$、$80°$,研究其可钩附的粗糙颗粒数目。实验结果显示,当接触角度在 $45°$ 到 $60°$ 之间时,钩爪钩附的粗糙颗粒数目基本相同,抓附性能几乎无异。当接触角度达到 $80°$ 时,钩爪可钩附的粗糙颗粒数目突然减少,抓附性能急剧下降。

如图 5.7 所示,采用直径为 0.4 mm 的针灸针作为滚轮式爬壁机器人的钩爪,钩爪前端弯曲 $45°$ 以获得最佳的抓附性能,将后端以倒钩状刺入硅胶垫内以保证钩爪在受力时不会脱出硅胶垫表面且不会发生侧向翻转而脱附,又保证了钩爪钩附到粗糙凸起颗粒并受到载荷时与脚趾的连接更加紧密。

 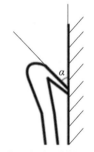 

(a) 机器人在墙面抓附　　(b) 钩爪与壁面接触角 α　　(c) 钩爪嵌入柔性硅胶条

图 5.7　机器人钩爪制作

5.4　滚轮式钩爪爬壁机器人的抓附静力学分析

为分析滚轮式爬壁机器人在实现抓附时的受力情况,建立了图 5.8 所示的准静态受力分析示意图。

为了实现有效攀爬,机器人需要满足以下几个力学关系:

$$F_{\text{Adhesion}} \geqslant F_{\text{Reaction}} \tag{5.1}$$

式中　　F_{Adhesion}——附着力;

　　　　F_{Reaction}——竖直壁面对尾部(机身)的反作用力。

$$F_{\text{Climb}} \geqslant F_{\text{mg}} \tag{5.2}$$

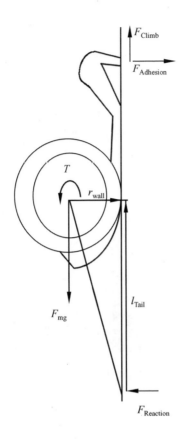

图 5.8　　滚轮式爬壁机器人准静态受力分析示意图

式中　　F_{Climb}——钩爪提供的向上的攀升力；

F_{mg}——平台的重力。

$$F_{\text{Adhesion}} \geqslant (F_{\text{mg}} \times r_{\text{wall}} + T)/l_{\text{Tail}} \tag{5.3}$$

式中　　r_{wall}——从旋转中心到墙壁的半径；

T——电机的扭矩；

l_{Tail}——机身末端到旋转中心的长度。

电机必须提供足够大的扭矩以克服钩爪脱附时产生的脱附力,并且扭矩与旋转中心到壁面的半径比值要大于平台的质量,即

$$[T/r_{\text{wall}}] > F_{\text{mg}} \tag{5.4}$$

在这些基本条件的约束下,钩爪抓附在竖直粗糙壁面上的粗糙颗粒的随机性很大程度上决定了机器人整体的攀附性能。

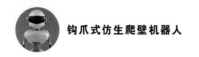
5.5 滚轮式钩爪爬壁机器人的爬行实验

本节分别在 90°、120°、135° 的泡沫壁面及粗糙石英砂板表面进行滚轮式钩爪爬壁机器人的爬行实验。滚轮式钩爪爬壁机器人在泡沫壁面的实验情况如图 5.9～5.11 所示,在粗糙石英砂板表面的爬行实验情况如图 5.12 和图 5.13 所示。

图 5.9　滚轮式钩爪爬壁机器人从地面向倾角为 90° 的泡沫板上过渡爬行

通过滚轮式钩爪爬壁机器人的爬壁实验发现,无论是在泡沫表面还是在粗糙石英砂板表面,基于单向钩爪抓附的滚轮式钩爪爬壁机器人都能够在坡度角为 135° 的倒置粗糙表面稳定爬行,但是在倾斜程度更大乃至 180° 的倒置表面无法爬行,说明轮式单向钩爪对于粗糙表面的附着能力有限。下一章将开展足式钩爪爬壁机器人的设计。

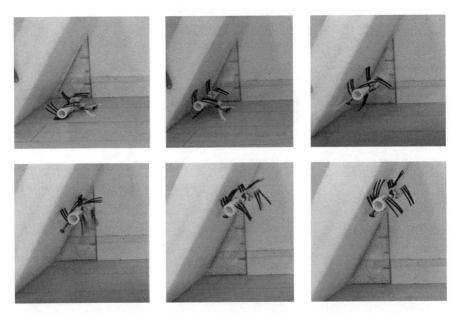

图 5.10　滚轮式钩爪爬壁机器人从地面向倾角为 120° 的泡沫板上过渡爬行

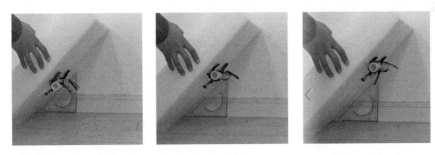

图 5.11　滚轮式钩爪爬壁机器人从地面向倾角为 135° 的泡沫板上过渡爬行

图 5.12　滚轮式钩爪爬壁机器人从地面向倾角为 120° 的粗糙石英砂板上过渡爬行

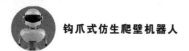

图 5.13 滚轮式钩爪爬壁机器人从地面向倾角为 135° 的粗糙石英砂板上过渡爬行

钩爪式四足爬壁机器人

钩 爪式四足爬壁机器人是一种可以在粗糙壁面以仿壁虎对角步态爬行的机器人。本章主要介绍钩爪式四足爬壁机器人结构设计、运动控制系统设计、爬壁力学分析、步态规划、运动仿真及其脚掌性能测试，并开展爬行实验验证。

第 5 章设计的滚轮式钩爪爬壁机器人机构相对简单,能够实现地－壁的过渡爬行。但滚轮式钩爪爬壁机器人的越障能力及其在壁面上的附着可靠性和灵活性都不及足式爬壁机器人。本章将介绍钩爪式四足爬壁机器人的设计。

6.1　爬壁机器人的脚掌设计

带有钩爪的脚掌是机器人实现竖直表面稳定爬行的关键部件。钩爪式脚掌既要实现在接触面的稳定附着,又要为机器人附着过程留有足够裕度。其作用类似于昆虫腿部的多关节结构,使其更好地与粗糙壁面接触。爬壁机器人脚掌设计必须考虑以下几点:

(1)所接触表面的粗糙程度是随机的,其粗糙凸起颗粒尺寸与分布同样也是不均匀的。因此,钩爪与表面的接触状况也是不规律的。在相同的脚掌尺寸下,布置在脚掌上的钩爪数量越多越好,以增大钩爪钩附在接触表面的概率。

(2)为避免钩附过程中单个钩爪产生应力集中的状态,需要尽量保证多个钩爪均匀承受载荷。

(3)相邻钩爪与接触面产生附着与脱附的过程不相互干扰,以保证多个钩爪与表面接触并产生附着力的过程独立。单个钩爪钩附到凸起颗粒后在不影响其附着状态的前提下可沿受力方向产生一定的位移,以保证其他钩爪沿接触面发生滑移,寻找可实现钩附的粗糙凸起颗粒。

(4)尽量保证单个钩爪部件具有一定的柔性,由于接触表面相对于钩爪来说是粗糙不平的,具有较多的凸起颗粒,柔性设计一方面保证施加一定预载力后尽可能多的钩爪可以实现与表面发生接触,另一方面钩爪脚掌柔性设计可以实现壁面作用反力的缓冲,这对于在竖直表面爬行的机器人具有重要意义。

柔性钩爪脚掌如图 6.1 所示,整个钩爪脚掌由脚掌与钩爪两部分组成。为了使整体脚掌具有一定的柔性以适应粗糙不平的表面,同时避免刚度过小造成钩爪脚掌与接触面脱附困难,选用了厚度为 2.5 mm 的橡胶作为脚掌材料。其中,每个脚掌前端呈扇形分布着十个长条状的脚趾,各个脚趾之间互成一定的角度并隔有一定的间隙,这样设计有两个好处:一方面,多个脚趾的设计增大了钩爪脚掌钩附到粗糙表面的概率;另一方面,多个脚趾之间互不干扰,即一个脚趾钩附和脱附状态之间的转换不会影响到相邻脚趾的状态,且每个脚趾的刚度较低,对钩爪脚掌施加较小的预载力便可以使各个钩爪与凹凸不平的表面产生接触。其钩附过程通过安装在每个脚趾前端的由针灸针制成的钩爪实现。当钩爪尖端的尺寸越小,其可实现钩附的不同粗糙度表面范围越广。为了使钩爪脚掌有较广的适用范围,选用了直径为 0.4 mm 的针灸针作为钩爪材料。其加工并与各个脚趾的安装方式如图 6.1 所示,美国斯坦福大学的 Asbeck 等人通过实验测定了钩爪与表面接触角度为 0°、45°、60° 与 80° 时钩爪在粗糙接触表面可钩附的凸起颗粒个数。当接触角度小于等于 65° 时,可钩附的凸起颗粒数目基本相同;在接触角度等于 80° 时,可钩附的凸起颗粒数目突然下降。因此本书将针灸针前端加工成钩状,且将针尖与表面的接触角设计为 45°,其末端呈倒钩状嵌入橡胶表面。这种安装方式既避免了钩爪与粗糙表面发生接触时钩爪产生侧转而脱附,又保证了钩爪钩附到粗糙凸起颗粒并受到载荷时与脚趾的连接更加紧密。

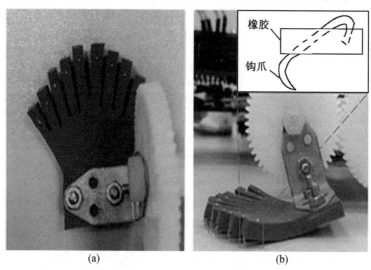

图 6.1   柔性钩爪脚掌

6.2   钩爪式脚掌的性能测试

柔性钩爪脚掌是钩爪式爬壁机器人的关键部件,其在粗糙表面产生附着时所产生的附着力以及受到的接触面的作用反力是机器人实现爬壁功能的关键因素。本节开展钩爪式脚掌的附着能力与刚度测试。

6.2.1　钩爪式脚掌的附着能力测试

1.实验装置

为测试所设计的柔性钩爪脚掌的附着能力,设计了图 6.2 所示的测试平台,该测试平台主要包括六维力传感器、高速摄像机、二维线性运动平台、柔性钩爪脚掌及粗糙平板。柔性钩爪脚掌通过 L 形的转接片固定在二维线性运动平台上,使钩爪脚掌平面与粗糙平板表面平行。其中,粗糙平板是将颗粒直径为 $0.5 \sim 1.0 \ mm$ 的石英砂颗粒均匀地黏附在尺寸为 $100 \ mm \times 100 \ mm$ 的亚克力平板上制作而成。亚克力板通过 3 颗 M2 螺钉固定在六维力传感器上。所用六维力传感器是由美国 ATI 公司生产的 ATI Nano17 多维力学传感器,可同时进行力和力矩的测量。传感器性能指标见表 6.1。传感器受力后将变化的模拟信号提供给信号调理模块进行处理,然后经由数据采集卡进行采样,最终由上位机实现信号的显示与存储。数据采集卡选用美国 NI 公司研制的 PCI－6052E,该采集卡包含了两个 16 位 A/D 转换器,可以实现 16 个通道的模拟信号采样,每个通道采样率最高可达 333 K/s。上位机基于 LabVIEW(Laboratory Virtual Instrument Engineering Workbench)进行开发设计,可以实时显示传感器三个方向上的受力状态,并实现存储。高速摄像机为日本奥林巴斯公司生产的 i－SPEED 3 高速摄像机,拍摄速率可达万帧/秒,视频存储在 CF 卡中。该高速摄像设备可将钩爪与粗糙表面的钩附与脱附过程完整地记录下来。

表 6.1　ATI Nano17 多维力传感器性能指标

力分量	F_x, F_y	F_z	T_x, T_y	T_z
量程	8.00 N	14.10 N	50.00 N·mm	50.00 N·mm
分辨率	1/681 N	1/387 N	462/60 815 N·mm	127/23 078 N·mm
固有频率	3 000.00 Hz	3 000.00 Hz	3 000.00 Hz	3 000.00 Hz

2.实验过程

为了真实模拟钩爪脚掌的钩附过程,避免柔性钩爪脚掌附着力超出传感器测力范围而发生损坏,实验只在钩爪脚掌中间的两个脚趾上安装了钩爪,并设计了图 6.2(b) 所示的运动轨迹。由二维线性运动平台匀速向下缓慢驱动钩爪脚掌,当测力系统上位机刚好显示有微小的法向力产生,即钩爪与粗糙表面刚好发生接触,此时停止二维线性运动平台向下移动,并使其驱动钩爪脚掌沿 y 轴负方向以 1.8 mm/s 匀速移动,移动 15 mm 后停止驱动。整个过程柔性钩爪脚掌经历了三个状态变化过程:

(a) 六维力传感器

(b) 高速摄像机视野

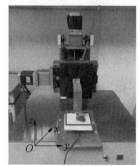

(c) 实验测试平台

(d) 数据采集卡以及上位机显示面板

图 6.2　钩爪式脚掌性能测试平台

（1）在平台驱动下开始与粗糙表面发生接触。

（2）钩爪沿粗糙表面滑动,当钩爪遇到合适的粗糙凸起颗粒时将与粗糙表面产生钩附。

（3）发生钩附后,钩爪将相对于粗糙表面停止滑动,钩爪脚掌将继续在横向载荷的作用下移动,实现钩附部分的脚趾在载荷作用下被拉长,未实现钩附的钩爪将继续沿着粗糙表面滑动寻找适合钩附的粗糙凸起颗粒。

随着平台持续加载,钩爪或因载荷角逐渐增大超出其附着条件,或因载荷超过钩爪脚掌材料的受力范围,或因粗糙表面凸起颗粒受力发生脱落而导致脱附。整个过程的力学数据与视频数据分别通过测力系统与高速摄像机得到。在粗糙的平板上进行 20 次以上的实验,确保得到足够的有效数据。

3. 实验结果

如图 6.3 所示,其中附着力为钩爪在传感器 z 轴正方向产生的力,承载力为钩爪所受到的 $X-Y$ 平面方向上的合力。可以看到随着钩爪的移动,钩爪接触到粗糙平板上可钩附的凸起颗粒并产生有效的钩附,此时随着移动距离的增加,实现钩附的钩爪脚趾受力延展,钩爪受到的承载力与附着力逐渐变大,在时间约为 0.7 s 时,承载力与附着力出现了一个较小的锯齿状波动,这是由于接触面状况原因导致某个钩爪与接触表面发生脱附,然而承载力并没有直接变为零的原因是在一个钩爪脱附的同时另外一个钩爪依然保持钩附状态,为整个脚掌的钩附行为提供了安全裕度。当承载力过大时,即超过了两个钩爪的承力极限或是载荷角过大而不满足其附着条件时,整个钩爪脚掌与接触表面发生脱附,此时承载力变为零。第一次脱附时,钩爪脚掌承载力为 2 N,沿 z 轴方向产生的附着力为 0.3 N,载荷角约为 8.53°。每个从开始附着到发生脱附的过程时间约 2 s,其产生的最大附着力和承载力与接触表面的粗糙凸起颗粒接触状况相关。图中第三次钩爪产生的承载力为 3.67 N,沿 z 轴方向产生的附着力为 0.6 N,载荷角约为 9.29°,钩爪的最大拉伸距离约为 4 mm(在视频软件处理得到)。可见其附着能力完全可以实现机器人的爬壁功能。

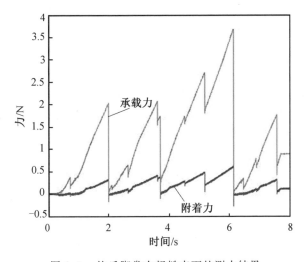

图 6.3　钩爪脚掌在粗糙表面的测力结果

6.2.2　钩爪脚掌的刚度测试

1. 实验装置

钩爪脚掌的刚度测试平台如图 6.4 所示,包括台架、一维测力系统、舵机、舵机控制板、钩爪脚掌及光滑的亚克力板。所用一维测力系统包括一维力传感器、信号调理以及信号采集模块和实现数据显示与存储的上位机。一维力传感器的量程为 30 N,信号调理以及信号采集模块采用 NI 公司研制的 PCI－6052E 数据采集卡。亚克力板通过 M2 螺丝固定在传感器末端,实现钩爪脚掌的接触测试。钩爪脚掌通过 L 形转接架固定在舵机的舵盘上,初始状态时使钩爪脚掌平面与亚克力板平面平行,调整台架高度使钩爪刚好与亚克力板产生接触,控制板驱动舵机改变钩爪脚掌转动的角度。

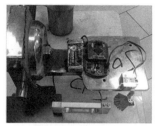

(a) 一维力传感器　　　　(b) 实验测试平台　　　　(c) 数据采集卡和上位机

图 6.4　钩爪脚掌作用反力测试平台

2. 实验过程

实验开始时,打开上位机软件,对采集到的传感器数据进行清零,按下数据保存按钮对传感器采集到的数据进行存储。打开舵机控制板开始按钮,控制舵机驱动钩爪脚掌匀速缓慢转动,每转动 5° 停止转动 1 s,然后继续匀速转动,舵机转动 90° 后停止转动。停止上位机数据记录,完成整个实验过程。整个实验重复20 次保证有足够的实验数据,确保实验的可重复性,去除实验的偶然因素。其中,每次停止转动 1 s 期间,上位机所记录数据为定值,可以以此作为时间节点实现舵机转动角度与相应受力的同步。

3. 实验结果

实验结果如图 6.5 所示,可以发现钩爪脚掌在 0°～35° 转动过程中,钩爪脚掌承受的作用反力基本呈线性逐渐增大,在转动至 35° 时,钩爪脚掌受到的作用反力达到峰值,即 396.5 mN。其后过程中,作用反力随着舵机转动逐渐减小并趋于稳定,转动至 90° 时钩爪脚掌所受作用反力稳定为 321.3 mN。因此可以根据机器人在竖直表面爬行时可承受的作用反力设计钩爪脚掌附着时的转动角度。所设计的柔性钩爪脚掌较小的刚度增大了机器人对爬行表面的适应能力。

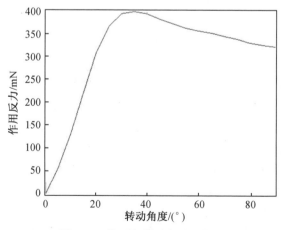

图 6.5　钩爪脚掌刚度测试结果

6.3　钩爪式爬壁机器人的结构设计

爬壁机器人的脚掌附着方式对能否安全可靠地附着极为关键,但总体结构的布置也是机器人能否灵活稳定附着与爬行的重要因素。爬壁机器人机身结构的设计基于以下几点考虑:

(1)常见的可以实现在竖直表面爬行的动物,比如猫科动物或是壁虎,在竖直表面爬行过程中一般采取匍匐式姿势,这种姿态很大程度上减小了爬壁过程中受到的翻转力矩。同样,从仿生角度考虑,所设计的机器人的整体重心在不影响其运动状态的前提下应尽量贴近竖直爬行表面。

(2)在满足各项设计需求的前提下,尽量减轻机身质量。减轻机身质量不仅减小了机器人在附着状态受到的翻转力矩,同时也降低了机器人对各个钩爪脚掌产生附着力的需求。

(3)由于钩爪是通过钩附在粗糙凸起颗粒表面实现附着的,因此在腿部结构设计时应尽量保障钩爪脚掌附着方向在机器人运动过程中不发生过大的变化而影响钩爪附着状态,避免钩爪脚掌整体脱附。

(4)兼顾机身质量和附着稳定的设计原则,考虑机器人的机动性能和功能性设计,保障机器人在爬行过程中可根据不同的接触面状况实现机器人附着状态的调整。

本节以壁虎为仿生原型,设计灵活性与稳定性兼具的四足机构,机身总体结构设计如图 6.6 所示。机器人质量为 400 g,身长为 43.5 cm(其中尾巴长 21.5 cm),机身高度为 3.5 cm。机身结构采用对称式结构设计,使重心落在机器人机身的中线上,消除了机器人在爬行过程中由于左右结构的不对称对钩爪脚掌产生的额外扭矩。采用匍匐式的机身结构,机器人在壁面爬行时,其重心距离接触表面约为 2.3 cm,减小了机身在竖直表面爬行时的翻转力矩。整个机身共有 8 个自由度,每条腿部结构采用 2 个自由度实现驱动。腿部结构平面与机身平面平行。以图 6.6(b)中左前腿为例,驱动腿部运动的电机有两个,分别为控制腿部连杆机构转动以实现腿部前后摆动的 1 号舵机,以及控制钩爪脚掌附着与脱附行为的 2 号舵机。腿部的四连杆结构设计一方面将腿部三自由度控制简化为两自由度控制,减轻了机身质量;另一方面可以保证机器人在爬行过程中钩状脚掌与壁面产生接触时钩爪的钩附方向始终保持不变,避免了钩爪脚掌附着时发生局部较大的扭转导致钩爪发生脱附。

图 6.6(c)中的虚线为钩爪相对于机身可实现的运动轨迹。为了避免机器人在爬行过程中电池供电不足导致机器人钩爪脚掌脱附而从竖直爬行表面掉落,

设计了保险装置,如图 6.6(d) 所示,钩爪脚掌与两个齿轮直接相连。两个齿轮相互啮合,分别为舵盘齿轮与锁紧齿轮。舵盘齿轮通过螺丝固定在舵机舵盘上,锁紧齿轮通过六角螺柱固定在舵机架所预留的安装孔上,改变锁紧齿轮的锁紧程度即可调节驱动钩爪脚掌的阻尼系数。由于机器人在竖直表面爬行过程中至少有两个钩爪脚掌处于附着状态,将齿轮阻尼系数调节为无电源供电时,刚好有两个处于对角位置的钩爪脚掌处于附着状态,承受机身质量载荷而不发生转动。

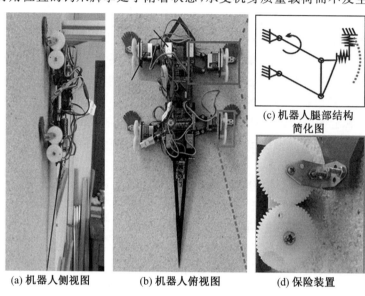

(a) 机器人侧视图　　　(b) 机器人俯视图　　　(c) 机器人腿部结构
简化图

(d) 保险装置

图 6.6　钩爪式四足爬壁机器人机身结构

6.4　钩爪式爬壁机器人的爬壁力学分析

壁虎在壁面上爬行时,多采用两种步态:当爬行表面状况比较适合附着时,壁虎常采用爬行速度较快的对角步态;当爬行表面状况较为复杂时,壁虎通常采用三角步态进行爬行。

由于所设计的钩爪脚掌对粗糙表面的适应性较好,因此设计了灵活度较高、爬行速度较快的对角步态。为了分析机器人在爬行时钩爪脚掌的受力状态,建立了图 6.7 所示的物理模型。

图 6.7 中,机器人所受重力为 G,与表面接触的钩爪数量为 n,机器人质心与附着表面的距离为 H,质心与机器人前足附着点的距离为 L_1,与机器人后足附着点距离为 L_2,与机器人尾部与壁面的接触点距离为 L_3。前足与后足钩爪在 x 与 y 方向上所受合力分别为 F_{x1}、F_{y1} 与 F_{x2}、F_{y2}。尾部所受作用力为 F_f 与 N。前

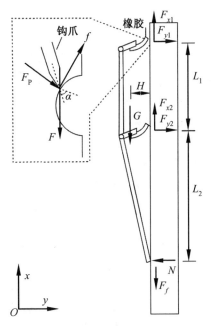

图 6.7　机器人对角步态附着物理模型

足与后足所受扭矩为 M。图中左上方为单个钩爪与粗糙表面颗粒相互作用示意图。其中，F_P 为作用在钩爪上的预载力；F 为作用在钩爪上的承载力，方向平行于 y 轴；f 为钩爪与表面接触所产生的摩擦力。为了简化分析，假设机器人在采用对角步态爬行时所有钩爪均与接触面产生接触，且接触状态相同。由平衡公式可得

$$F_{y1} + F_{y2} = N \tag{6.1}$$

$$F_{x1} + F_{x2} = G + F_f \tag{6.2}$$

$$nF = F_{x1} + F_{x2} \tag{6.3}$$

$$n[(F\cos\alpha + F_P)\mu\cos\alpha - F_P\sin\alpha] = N \tag{6.4}$$

$$G \times H = F_{y1}(L_1 + L_2) + F_{y2} \times L_2 \tag{6.5}$$

其中，F_f 很小，可以忽略不计，$G = 4$ N，$n = 20$，$H = 1.5$ cm，$L_1 = 12.7$ cm，$L_2 = 29.2$ cm，经过测试发现，机器人在竖直表面爬行时一般有超过一半数量的钩爪可以产生附着状态。假设钩爪脚掌与壁面发生接触时，有一半的钩爪可以有效地承载力和附着力，可以推算单个钩爪所需承载力为 0.4 N，为了推算极限附着状态下钩爪需要提供的附着力，假设 F_{y1} 没有提供附着力，此时 F_{y2} 需要提供的附着力为 0.21 N，即单个钩爪所需要提供的附着力为 0.042 N，当 F_{y2} 没有提供附着力时，单个钩爪所需提供的附着力为 0.029 N。

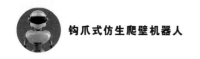

6.5　机器人的步态规划

步态规划是机器人运动的灵魂,是机器人能否实现稳定运行的关键,也是足式机器人研究必不可少的内容,步态规划的优劣将直接影响到机器人的功能、美观、能耗以及控制复杂度等多个方面。

所谓步态是指动物在运动过程中肢体在时间和空间上的协调关系,一般可分为规则步态与非规则步态:规则步态是腿部根据固定的顺序交替运动,这种运动步态适合在已知的平坦环境中运动;非规则步态是根据环境的变化时刻调整腿脚摆动幅度和摆动顺序以协调身体平衡产生运动,足端的运动轨迹也是根据环境随时变化的,这种运动步态可以适应复杂多变的环境,因此非规则步态亦可称为自适应步态。

本书研究发现大壁虎在玻璃、有机玻璃及铝表面附着能力较强,多采用对角步态向上爬行,即一侧前腿与另一侧后腿为一组同时运动,两组腿部交替运行实现支承相与摆动相的快速更替。壁虎在玻璃、有机玻璃以及铝的表面爬行平均速度依次减小,其调节速度的主要方式是通过改变爬行时的单腿跨距及爬行时的步频,且壁虎在三种材料上爬行时,其一个运动周期内的占空比均大于 0.5。其占空比与在不同表面的附着能力相关,为保障其爬行的稳定性与安全性,壁虎通常会增大其爬行周期内的占空比,提高附着时间。

基于壁虎的爬行步态,本书设计了周期性参数可调的对角步态。可调参数包括机器人爬行步频和单条腿部跨距。基于该步态机器人可实现竖直表面直线向上爬行、爬行过程中转弯及后退等功能。

6.5.1　竖直壁面内向上爬行的对角步态

钩爪式四足爬壁机器人在竖直壁面内向上爬行时,设计为后退的运动方式,对角步态设置如图 6.8 所示,其中黑色钩爪脚掌对应附着状态,白色钩爪脚掌对应脱附状态,步态过程为:

(1) 首先进入初始化设置,机器人四条腿部摆动到步态初始位置,并将四个钩爪脚掌全部设置为附着状态,此时机器人钩附在竖直接触面上。

(2) 钩爪脚掌 2 与钩爪脚掌 3 在舵机驱动下同时抬起一定高度后停止,此时钩爪脚掌 1 与钩爪脚掌 4 承受机身载荷钩附在粗糙接触面上。

(3) 腿部 1 与腿部 4 由初始位置匀速向下摆动一定角度后停止,带动机身相对于接触表面向上运动,腿部 1 与腿部 4 摆动的同时,腿部 2 与腿部 3 由初始位置开始向上摆动到一定位置后停止。

（4）钩爪脚掌2与钩爪脚掌3同时匀速落下，与粗糙表面接触并发生附着。钩爪脚掌2与钩爪脚掌3实现稳定附着后，钩爪脚掌1与钩爪脚掌4在舵机驱动下与粗糙表面脱附并匀速抬起一定高度后停止。

（5）腿部1与腿部4同时匀速向上摆动一定角度后停止，腿部1与腿部4摆动的同时，腿部2与腿部3同时匀速向下摆动到一定位置后停止。

（6）钩爪脚掌1与钩爪脚掌4同时匀速落下，与粗糙表面接触并发生附着。此时各个钩爪脚掌与腿部状态恢复到状态（1）完成一个前进周期的运动步态。

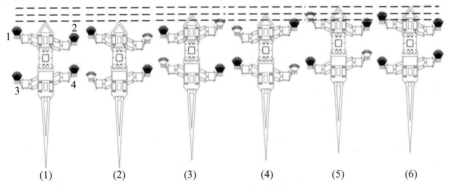

图6.8　机器人前进的对角步态

6.5.2　竖直壁面内向下后退的对角步态

机器人向下爬行时，设计为后退的运动方式，其对角步态如图6.9所示，其中黑色钩爪脚掌对应附着状态，白色钩爪脚掌对应脱附状态，步态过程为：

（1）腿部状态初始化，机器人四条腿部调整至步态初始位置，并将四个钩爪脚掌全部设置为附着状态。

（2）钩爪脚掌1与钩爪脚掌4在舵机驱动下同时抬起一定高度后停止，此时钩爪脚掌2与钩爪脚掌3承受机身载荷钩附在粗糙接触面上。

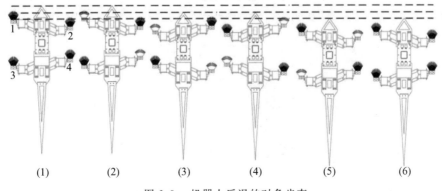

图6.9　机器人后退的对角步态

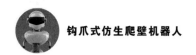

（3）腿部1与腿部4由初始位置匀速向下摆动一定角度后停止，腿部1与腿部4摆动的同时，腿部2与腿部3由初始位置开始向上摆动到一定位置后停止，此时机身将相对于接触表面向下运动。

（4）钩爪脚掌1与钩爪脚掌4同时匀速落下，与粗糙表面接触并发生附着。钩爪脚掌1与钩爪脚掌4实现稳定附着后，钩爪脚掌2与钩爪脚掌3在舵机驱动下与粗糙表面脱附并匀速抬起一定高度后停止。

（5）腿部1与腿部4同时匀速向上摆动一定角度后停止，腿部1与腿部4摆动的同时，腿部2与腿部3同时匀速向下摆动到一定位置后停止。

（6）钩爪脚掌2与钩爪脚掌3同时匀速落下，与粗糙表面接触并发生附着。此时各个钩爪脚掌与腿部状态恢复到状态（1）完成一个后退周期的运动步态。

6.5.3　直行与转弯分析

为了分析直行与转弯方式，将机器人机身结构简化，如图 6.10 所示，以右前腿为例，腿部向上摆动的极限位置与机身垂线方向的夹角为 β_{R1}^{max}，称为上摆角；腿部向下摆动的极限位置与机身垂线方向的夹角为 β_{R1}^{min}，称为下摆角。同理定义机器人左后腿上摆角为 β_{L2}^{max}，下摆角为 β_{L2}^{min}；机器人左前腿上摆角为 β_{L1}^{max}，下摆角为 β_{L1}^{min}；机器人右后腿上摆角为 β_{R2}^{max}，下摆角为 β_{R2}^{min}。由于腿部结构设计为四杆结构，因此当机器人钩爪脚掌与接触面产生附着后，钩爪脚掌与壁面的接触点可视为固定副。腿部舵机驱动四杆机构转动带动机身前行时，将伴随着机身横向位移。采用对角步态时，处于对角位置的腿部时序与动作是相同的，因此机身上部与机身下部的受力是相反的。

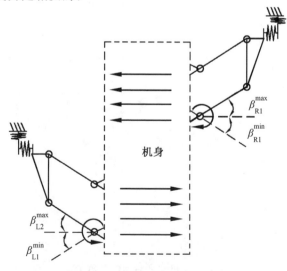

图 6.10　机器人简化模型

机器人以对角线前进步态爬行时,当 $\beta_{R1}^{max} = \beta_{R1}^{min}$,右前腿舵机驱动四杆机构向下转动,腿部与机身垂直方向的夹角由 β_{R1}^{max} 变为 0 的过程中,腿部对机身作用力方向为垂直于机身向左。随着右前腿部继续转动,腿部与机身垂直方向的夹角由 0 变为 β_{R1}^{min} 的过程中,腿部对机身作用力方向为垂直于机身向右。左后腿摆动状况与右前腿相同,对机身的作用力过程相反。由于 $\beta_{R1}^{max} = \beta_{R1}^{min}$,因此右前腿对机身整体产生的转动位移为 0。因此机器人在一个爬行周期过程中,当 $\beta_{R1}^{max} = \beta_{R1}^{min}$,$\beta_{L2}^{max} = \beta_{L2}^{min}$,$\beta_{L1}^{max} = \beta_{L1}^{min}$,$\beta_{R2}^{max} = \beta_{R2}^{min}$ 时,机器人爬行状态为直行过程。当 $\beta_{R1}^{max} > \beta_{R1}^{min}$,$\beta_{L2}^{max} > \beta_{L2}^{min}$ 时,右前腿与左后腿腿部舵机驱动四杆机构转动带动机身前行时,右前腿对机身上部作用位移向左,左后腿对机身下部作用位移向右,将对机身整体产生向左转动的转动位移。因此机器人在一个爬行周期过程中,当 $\beta_{R1}^{max} > \beta_{R1}^{min}$,$\beta_{L2}^{max} > \beta_{L2}^{min}$,$\beta_{L1}^{max} < \beta_{L1}^{min}$,$\beta_{R2}^{max} < \beta_{R2}^{min}$ 时,机器人的爬行状态为在向前爬行的同时调整机身姿态向左转动。同理,当 $\beta_{L1}^{max} > \beta_{L1}^{min}$,$\beta_{R2}^{max} > \beta_{R2}^{min}$,$\beta_{R1}^{max} < \beta_{R1}^{min}$,$\beta_{L2}^{max} < \beta_{L2}^{min}$ 时,机身整体将产生向右转动的转动位移,此时机器人的爬行状态为在向前爬行的同时调整机身姿态向右转动。

机器人以对角线后退步态爬行时,由于各个腿部执行相同的摆腿动作时,其腿部支承相与摆动相相反,因此机器人各个腿部以相同的摆动角驱动机身后退时,机器人的转向与执行前进步态时相反。机器人在爬行过程中,可以通过改变每个周期内腿部的摆动角度调整机器人的爬行姿态。同时,增大腿部摆动角度与腿部摆动速度也可以作为增大机器人爬行的平均速度的策略。

6.5.4　足端轨迹规划

壁虎在附着安全系数较低的表面爬行时,通常采用增加单个爬行周期内的占空比的方式增加其附着时间保障爬行的安全性。在较为容易附着的表面爬行时,通常会以较快的速度爬行。每个爬行周期其脚掌附着占空比较小,因此是否具备以较低脚掌附着占空比爬行是衡量爬壁机器人性能的重要因素。由于机器人的腿部结构采用四杆机构,在运动过程中会产生微小的水平位移,若采用占空比大于 50% 的运动模式,前侧或后侧腿部运动时会产生相互干扰。将对角步态每个钩爪脚掌的占空比设置为 50%,使机器人运动兼具稳定性与灵活性。

通过调整机器人腿部摆动角度与摆动速度可以提高机器人的爬行速度,然而随着机器人爬行速度提高,机器人机身质量所带来的惯性力将很大程度上影响机器人在竖直表面附着的稳定性。通常惯性力对机器人钩爪脚掌附着稳定性影响最严重的环节发生在不同钩爪脚掌附着与脱附的过渡过程。为了实现机器人在壁面快速爬行,本书针对前期所设计的足端轨迹(图 6.11(a))进行了优化,优化后的足端运动轨迹如图 6.11(b) 所示。其中,$Foot_3$ 为机器人左后腿部钩爪脚掌,$Foot_4$ 为机器人右后腿部钩爪脚掌,角 β 为机器人钩爪脚掌脱附角度。采用

图6.11(a)所示足端轨迹时钩爪脚掌间的附着与脱附状态转换所用时间为 $t_1 +$ t_2,采用图 6.11(b)足端轨迹时钩爪脚掌间的附着与脱附状态转换所用时间为 0。优化后的足端轨迹一方面减小了机器人不同钩爪脚掌间附着与脱附状态的转换时间,提高了机器人爬行状态的连贯性,使机器人能以接近匀速的状态在竖直表面爬行;另一方面减小了钩爪脚掌的脱附角。较大的脱附角将会导致钩爪脚掌的脱附能力减弱,当钩爪钩附到较深的凹槽状的凸起颗粒时,较大的脱附角将会导致钩爪卡在凹槽内无法脱离,即使能够脱离也将在瞬间给机身带来较大的冲量,这将对机器人在竖直壁面的爬行带来灾难性的后果。较小的脱附角可以增大钩爪脚掌的脱附能力。当使用图 6.11(a)中的足端轨迹爬行时,其脱附角为 68°;当使用图 6.11(b)中的足端轨迹爬行时,其脱附角为 20°。

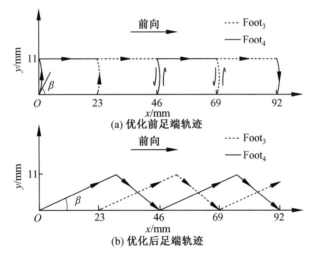

图 6.11　机器人足端轨迹

6.6　钩爪式四足爬壁机器人的运动仿真

6.6.1　仿真软件介绍

ADAMS(Automatic Dynamic Analysis of Mechanical System)是一款虚拟样机仿真分析软件,可对机械系统的动力学与运动学模型进行仿真计算。所建立的模型可以是刚性体、柔性体及刚柔混合模型,目前已被应用于全世界各行各业。ADAMS 软件集建模、计算及后处理于一身,包含多个模块。常见的机械系统多采用基本模块中的 View 模块和 Postprocess 模块完成建模仿真与分析工作。同时 ADAMS 中具备面向专业领域开发的专用模块和嵌入式模块,如汽车模块、发动机模块、火车模块等专用模块,振动模块、耐久性模块、柔性模块等嵌入式模块。因此,在产品概念设计阶段采用该软件进行辅助分析可以实现缩短开发周期、降低设计成本的目的。

6.6.2　仿真模型建立与环境设置

钩爪式四足爬壁机器人的仿真模型建立与环境设置过程如下:

(1) 将 SolidWorks 中建立的三维模型转成 Parasolid 格式后导入 ADAMS 中。

(2) 编辑各个构件的材料属性与外观。

(3) 将不发生相对运动的构件合并为一个构件,以简化模型设置与分析工作。

(4) 对于需要产生相对运动的构件利用 ADAMS 约束库模型创建基本约束与作用力。

需要对机器人完成对角步态的仿真,因此在软件中建立一个平板作为机器人爬行的壁面,平板通过固定副固定在大地上。8 个舵机通过转动副与机身转动关节连接,分别实现腿部摆动与钩爪脚掌的附着与脱附行为,钩爪脚掌平面与平板平面产生的摩擦力驱动机器人机身向前爬行。通过以上参数设置,得到机器人的仿真模型如图 6.12 所示。

图 6.12　机器人仿真模型

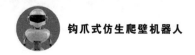

6.6.3 直线爬行仿真

根据前文对角步态的规划,实现直行步态仿真以验证步态规划的可行性。首先对机器人各个腿部的摆动角进行初始化,将上摆角与下摆角设置为相同的角度:$\beta_{R1}^{max} = \beta_{R1}^{min} = \beta_{L2}^{max} = \beta_{L2}^{min} = \beta_{L1}^{max} = \beta_{L1}^{min} = \beta_{R2}^{max} = \beta_{R2}^{min} = 20°$,4个钩爪脚掌抬起角度全部设置为30°。然后为机器人机身8个自由度添加驱动函数使机器人按预期规划的动作运行,各转动关节所施加的函数如图6.13所示。其中,控制腿部前后摆动的关节为1关节;控制机器人钩爪脚掌的附着与脱附行为的关节为2关节,所施加的驱动时长为两个运行步态周期。完成上述初始化步骤后,将仿真控制模块内的仿真时间设置为两个步态周期,即8 s,步长调整为50,开始运行交互式仿真。仿真过程中,分析模块将自动对所建立的机器人三维模型的运动学、动力学及静力学进行解算,并可以将模型解算过程以动画形式展现出来。得到机器人直行仿真运行过程状态如图6.14所示。

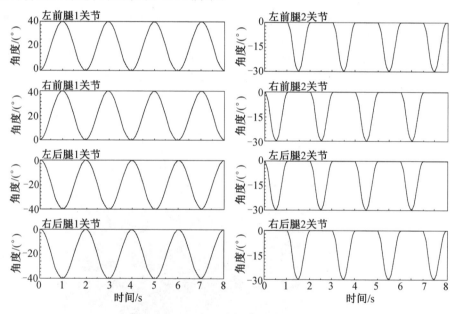

图6.13　直行过程机器人关节驱动函数

通过ADAMS后处理模块可以得到机器人质心在 X、Y、Z 三个方向上的运动轨迹,如图6.15所示。X 方向平行于机器人爬行平面并垂直于机器人机身,机器人在两个步态周期的爬行过程中质心在 X 方向位移的最小值为0.062 5 mm,最大值为0.137 5 mm,相对于初始位置的总偏移量为0.175 mm,从结果可以看出机身的左右波动不大,受到的侧向干扰较小,设计的对角步态可以较好地实现机器人的直行功能。Y 方向平行于机器人爬行平面并平行于机器人机身,与机器

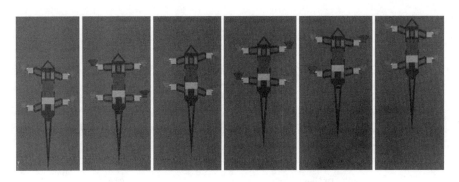

图 6.14　机器人直行仿真序列图

人前进方向相同,根据仿真可以看出,机器人在 8 s 内接近匀速爬行了 175 mm,机身爬行时在前进方向上受到的惯性力较小。Z 方向垂直于机器人爬行平面,机器人在两个步态周期的爬行过程中质心在 Z 方向位移的最小值为 2.527 5 mm,最大值为 2.535 5 mm,波动幅度为 0.008 mm,机器人质心到爬行表面的距离为 3.5 cm,可以得出机器人质心在 Z 方向上的波动率为 0.02%,机器人机身在运动过程中受到的法向干扰较小,保证了爬行附着的稳定性。

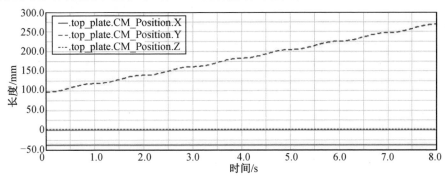

图 6.15　直行过程机器人质心运动轨迹

　　图 6.16 和图 6.17 分别为机器人在两个爬行周期过程中左前腿负责腿部摆动舵机和负责钩爪脚掌附着与脱附的舵机输出的角速度和角加速度曲线,不同阶段角速度过渡较为匀滑,1 关节所产生的角加速度最大值为 63.2$(°)/s^2$,最小值为 $-53.1(°)/s^2$,2 关节所产生的角加速度最大值为 71.4$(°)/s^2$,最小值为 $-67.6(°)/s^2$,并无较大的瞬时加速度,因此不会对机器人的爬行状态产生较大的冲击。图 6.18 分别为左前腿两个驱动关节在爬行过程的输出扭矩,1 关节输出力矩最大值为 108.6 N·mm,最小值为 -45.6 N·mm,2 关节输出力矩最大值为 15.9 N·mm,最小值为 -2.0 N·mm,可作为机器人舵机选型的参考标准。

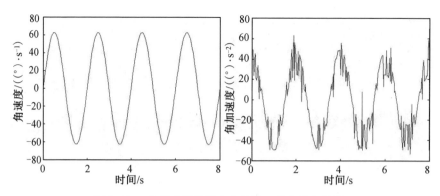

图 6.16　直行过程机器人左前腿 1 关节输出特性

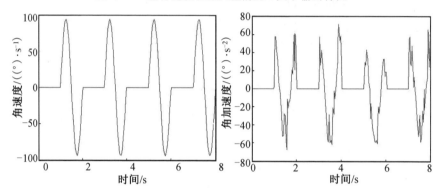

图 6.17　直行过程机器人左前腿 2 关节输出特性

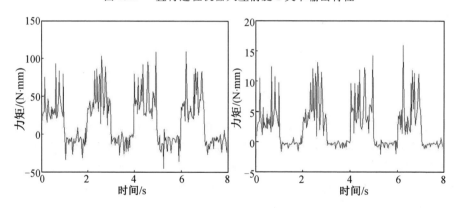

图 6.18　直行过程机器人左前腿 1 关节和 2 关节输出力矩

6.6.4　转弯爬行仿真

由前文步态规划分析可知,通过改变各个腿部的摆动角使上摆角与下摆角不相等,即可实现机器人的转弯功能。机器人实现左转功能与实现右转功能的过程相似,仿真过程以左转为例进行分析。在一个步态周期内,右前腿与左后腿的上摆角大于下摆角,左前腿与右后腿的上摆角小于下摆角时,机器人在爬行过程中将产生向左转动的转动位移。为了分析步态设计的正确性,本书定义4个腿部摆动角的初始角度为:$\beta_{R1}^{max} = \beta_{L2}^{max} = \beta_{L1}^{min} = \beta_{R2}^{min} = 30°$,$\beta_{R1}^{min} = \beta_{L2}^{min} = \beta_{L1}^{max} = \beta_{R2}^{max} = 0°$。为各转动关节所施加的驱动函数如图 6.19 所示,所施加的驱动为机器人两个运行步态周期。初始化完成后,将仿真控制模块内的仿真时间设置为 8 s,步长调整为 50 并开始仿真,得到机器人转弯仿真运行过程状态如图 6.20 所示。

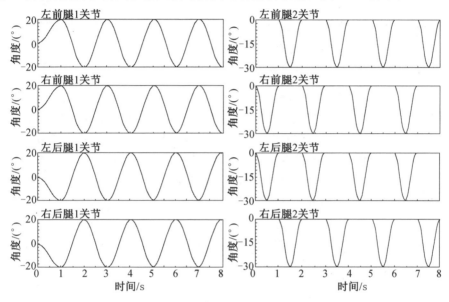

图 6.19　转弯过程机器人关节驱动函数

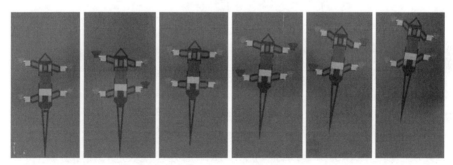

图 6.20　机器人转弯仿真序列图

通过 ADAMS 后处理模块可以得到机器人在两个转弯步态周期的爬行过程中质心在 X、Y、Z 三个方向上运动轨迹,如图 6.21 所示。质心在 X 方向的位移为 8.4 mm,机器人在 8 s 内向前爬行了 152.6 mm。在执行转弯功能时,质心在 Z

方向位移的最小值为 2.527 mm,最大值为 2.535 mm,波动幅度为 0.008 mm,可以看出机器人在转弯的爬行过程中机身法向未产生过大波动,爬行状态比较稳定。

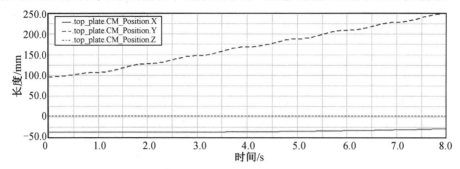

图 6.21 转弯过程机器人质心运动轨迹

图 6.22 和图 6.23 所示分别为机器人在转弯爬行过程中左前腿负责腿部摆动的舵机和负责钩爪脚掌附着与脱附的舵机输出的角速度和角加速度曲线,1 关节所产生的角加速度最大值为 61.2(°)/s²,最小值为 -55.7(°)/s²,2 关节所产生的角加速度最大值为 63.9(°)/s²,最小值为 -74.3(°)/s²。图 6.24 所示为左前腿两个驱动关节在爬行过程的输出扭矩,1 关节输出力矩最大值为 114.8 N·mm,最小值为 -36.4 N·mm,2 关节输出力矩最大值为 18.3 N·mm,最小值为 -1.8 N·mm,与直行过程关节驱动扭矩输出并无明显差别。

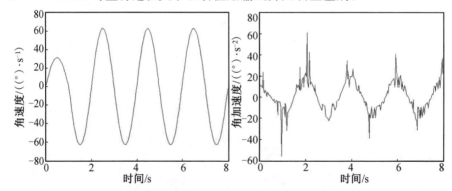

图 6.22 转弯过程机器人左前腿 1 关节输出特性

为了得到机器人在两个步态周期内的机身转动角度,将机器人头部尖点与机器人质心的连线作为参考线,通过 ADAMS 后处理模块进行数据分析,可以得到机器人经过两个步态周期后该参考线在 $X-Y$ 平面的投影与机身在初始位置时该连线的投影的夹角,即为机器人在爬行过程中机身所转动的角度,如图 6.25 所示。机器人经过两个步态周期最终转动了 8.53°。

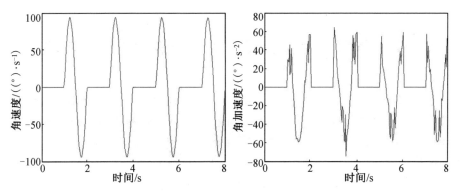

图 6.23　转弯过程机器人左前腿 2 关节输出特性

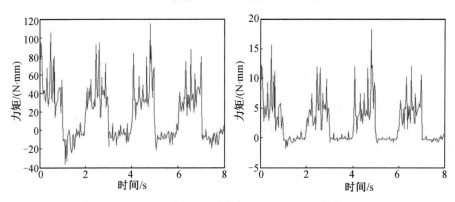

图 6.24　转弯过程机器人左前腿 1 关节和 2 关节输出力矩

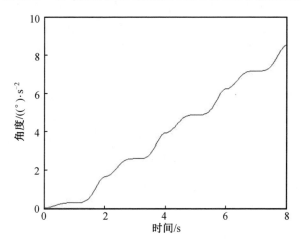

图 6.25　转弯过程机器人机身转动角度

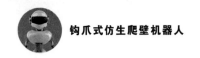

6.7　钩爪式爬壁机器人的运动控制与通信实现

前面的章节中已完成了机器人结构的设计,并为其爬行过程规划了相应的步态。为了使机器人拥有更广的运动范围,使其可以代替人工在危险的环境中作业,本书采用机载电源无线控制方案。同时为了使机器人具有更高的可靠性、更多的操作空间以及更广的应用范围,设计了两种无线远程控制方案。操作人员既可以通过 PC 端上位机实现半自动控制,也可以通过遥控器进行手动控制,避免了因一种控制方案失效而导致整机失效,造成灾难性后果,为机器人控制提供了安全裕度。本节将通过机器人系统硬件设计与系统软件设计两个方面分别进行阐述。

6.7.1　控制系统的硬件设计

为了使机器人具有可扩展性,硬件部分进行模块化设计,主要包含微控制器模块、驱动模块、电源模块、传感器模块及无线模块。

1. 微控制器模块

本书选用飞思卡尔公司生产的 MK10DN512ZVLL10 芯片作为机器人微控制器模块,该控制器属于业内首款 ARM Cortex－M4 内核芯片,并采用了 90 nm 薄膜存储器闪存技术和 Flex 存储器功能,支持超过 1 000 万次的擦写。该芯片包含 512 KB 的 Flash 存储器以及 128 KB 的运行内存,总共有 100 个引脚,采用了 LQFP 封装,芯片尺寸仅为 14 mm×14 mm。该芯片有以下特性:

(1)支持 10 种低功耗运行模式,并提供电源和时钟门控,使系统可以完成最佳的外设活动和恢复时间。停止电流 < 2 μA,运行电流 < 350 μA/MHz,停止模式唤醒时间为 4 μs。

(2)拥有两个分辨率可配置的高速16位 ADC 以及两个 12 位的 DAC,可通过单输出或差分输出模式运行提高噪声抑制水平。可利用延迟模块触发功能实现 500 ns 的转换时间。

(3)拥有多达 16 通道外设和存储器用的 DMA,可降低 CPU 负载,使系统吞吐更快。

(4)拥有多达 6 个支持 IrDA 的 UART,其中一个 UART 可匹配 ISO7816 智能卡。支持多种数据格式、数据长度、传输／接收设置,可支持多种工业通信协议。拥有两个 CAN 模块、三个 DSPI 和两个 I2C。

机器人微控制器模块使用 4M 外部晶振配合锁相环为最小系统提供精准的

时钟周期,并配备了按键式复位电路,避免出现程序跑飞的情况。

2.驱动模块

通过前面章节对机器人的附着模型分析以及步态仿真,可以得到附着时单个钩爪脚掌承担的负载为 0.4 N,关节驱动转矩最大为 114.8 N·mm。考虑到机器人质量与尺寸的设计原则,因此需要选取满足扭矩输出要求的尺寸小、质量轻的电机。驱动电机可选用直流伺服电机、步进电机或舵机。由于本书所设计的机器人需要实现摆动角大小可调的摆腿动作以及精确控制钩爪脚掌附着与脱附行为,考虑到普通的直流伺服电机与步进电机较难实现精确定位,且质量与体积相对较大,因此本书选用舵机作为机器人动力来源。

舵机又被称为微型伺服电机,具有体积小、质量轻、精度高、控制简单等特性。舵机主要由小型直流电机、减速齿轮组及控制板组成。电机通过减速齿轮组可产生高扭矩输出能力,由控制板实现闭环反馈控制系统。其原理如图 6.26 所示,由微控制器产生的脉冲控制信号与同舵机输出轴相连的线性比例电位器输出电压进行比较,并经由控制板进行处理,其结果作为直流电机的输入信号,从而达到精确定位的目的。

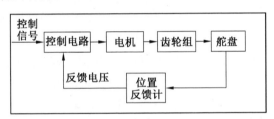

图 6.26　舵机控制原理

驱动模块的控制接口原理如图 6.27 所示,所设计的机器人机身共有 8 个自由度,因此共有八路舵机控制接口,其中每路舵机有三个接口,分别为电源线、地线、信号线。调整输入控制信号的周期性脉冲信号的占空比即可改变舵机的转动方向与位置。表 6.2 为所选用舵机常用性能参数。

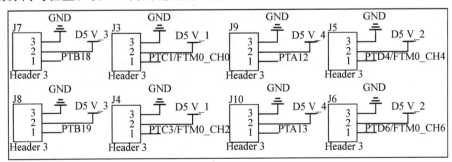

图 6.27　舵机接口原理

表 6.2　KST 舵机性能参数

名称	数值		
电压 /V	4.8	6.0	7.4
扭矩 /(kg・cm)	3.7	3.1	2.5
速度	0.05 s/60°	0.06 s/60°	0.07 s/60°

3. 电源模块

该机器人采用双电源模块实现了驱动系统与微控制器单独供电,避免因电机转动产生噪声拉低电源电压,而导致对微控制器供电不稳的情况,提高了系统的稳定性能。电源模块部分原理如图 6.28 所示。采用机载电源设计,所选电源满足尺寸小、质量轻的同时还需要满足机器人的续航能力。本系统选用容量为 800 mA・h、标准输出电压为 7.4 V 的锂电池作为供电来源,该电池体积为 5.5 cm×3.0 cm×1.5 cm,质量仅为 46 g。微控制器需要 3.3 V 的供电电压,选用两级降压方案以减小能量消耗,可提高电源利用效率。其降压过程为:采用 IM1117IMP—5.0 将电池的 7.4 V 输入电压降为恒定 5 V 输出电压,并经由 IM1117IMP—3.3 将 5 V 电压稳定为恒定的 3.3 V 作为微控制器的供电电压。所选用的降压芯片为 IM1117IMP,该芯片采用节省空间的 SOT—223 和 LLP 封装,片内拥有过热切断电路可实现过载和过热保护,以防环境温度过高造成的结温。线性调整率为 0.2%,负载调整率为 0.4%,最高输出电流可达 800 mA。根据所选用舵机的参数,舵机采用 5 V 供电电压,此时舵机可输出扭矩为 3.7 kg・cm,与机器人所需最大扭矩需求相比仍有较高的裕度。由于舵机需要输出较高的扭矩,因此需要采用可输出较高电流的稳压芯片以保证多路舵机的正常输出。本系统采用 TI 公司生产的 LM1085 芯片将电池标准输出 7.4 V 电压稳定为 5 V。该芯片是一款单芯片集成的电压转换器,可调整输入电压范围为 6.5～20 V,最高可提供 3 A 电流输出,具备过流保护和过温保护,具有可靠的工作性能,线性调整率为 0.015%,负载调整率为0.1%。为了保证每个舵机有足够的供电电流,采用每两路舵机共用一块稳压芯片的方案,同时为了避免共用稳压芯片的舵机同时负载,将共用芯片的舵机安排在同一侧腿部作为驱动,比如同在左侧腿部或同在右侧腿部,由于机器人在运行过程中采用对角步态爬行,因此同一侧腿部相同位置只有一个舵机处于负载状态,这样安排提高了机器人系统的电源利用效率。

4. 传感器模块

壁虎在不同状况的墙面爬行时,可以根据足端与附着表面的接触状态或是感知自身的运动状态来调整自身的运行行为。同理,机器人在复杂环境中运行

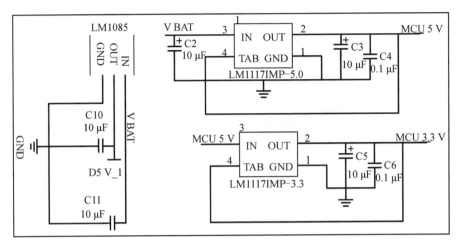

图 6.28 电源模块部分原理图

时,是否具备感知能力是机器人能否实现智能控制或自动控制的关键。在机器人机身上安装传感器模块以对机器人运动时产生的状态参量进行反馈,并以此作为机器人步态调整的依据。机器人的机身监测参量为机器人在爬行过程中机器人机身的轴向、侧向以及法向的加速度和机器人爬行过程的姿态角。其中,姿态角包括俯仰角、滚转角和偏航角。当机器人在粗糙竖直表面爬行时,机器人钩爪脚掌在粗糙表面附着不稳发生脱落或是钩爪脚掌卡在粗糙墙面的裂缝内而脱附困难时,可能会造成机器人的整体脱附而从墙面掉落,在脱附瞬间机器人机身由于受到干扰会产生较大的加速度,此时机器人停止爬行过程并使所有的钩爪脚掌立即产生附着动作,以避免机器人从墙面掉落。通过对机器人姿态角进行监测,一方面可以使操作人员更方便对机器人的爬行方向进行操控,以及更直观地监测机器人的运行状态;另一方面可以使机器人根据命令对自身状态进行调整,实现自反馈控制,减小运行误差。

传感器模块为六轴惯性导航模块,该六轴模块采用高精度的陀螺加速度计MPU6050,通过模块内集成的处理器读取 MPU6050 输出数据并进行处理,处理后的数据可通过波特率设置的串口输出。该模块内部自带稳压电路可兼容3.3 V 或 5 V 供电,机器人为了减小功耗,采用 3.3 V 进行供电。该模块数据处理采用先进的数字滤波技术,可有效降低噪声,提高测量精度。模块内集成的姿态解算器与卡尔曼滤波算法相配合,可实现在动态环境下准确并快速地输出机器人机身的当前姿态,姿态角测量精度可达 $0.01°$。传感器模块实物与接口电路原理如图 6.29 所示,传感器模块性能参数见表 6.3。

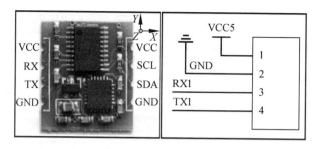

图 6.29　传感器模块实物与接口电路原理

表 6.3　传感器模块性能参数

参数名称	数值
工作电压 /V	3 ～ 6
工作电流 /mA	小于 10
体积 /(mm×mm×mm)	15.24×15.24×2
量程	加速度：$\pm 16g$，角速度：$\pm 2\ 000(°)/s$
分辨率	加速度：$6.1\times 10^{-5}g$，角速度：$7.6\times 10^{-3}(°)/s$
稳定性	加速度：$0.01g$，角速度：$0.05(°)/s$
姿态测量稳定度 /(°)	0.01
数据输出频率 /Hz	100（波特率 115 200）/20（波特率 9 600）

5.无线模块

　　机器人需要实现在竖直表面等极限环境下稳定爬行，不仅需要拥有稳定的附着能力，也需要拥有多种控制方式，即控制安全的裕度。为了使机器人拥有较广的使用范围、方便的操作方式、足够的安全性，选用遥控器和 PC 端上位机两种无线控制方案，操作人员可以根据自己的需求切换控制方式，同时也为机器人控制运行提供了更多的保障。遥控器控制无线模块采用遥控器与带解码接收板组合的方案，遥控器工作电压为 12 V，工作电流为 10 mA，辐射频率为 10 mW，其传输距离为 50 ～ 100 m。带解码接收板工作电压为 5 V，接收灵敏度可达 − 98 dB，共有 4 个输出引脚，分别为 D0、D1、D2、D3，分别对应遥控器上 A、B、C、D 4 个按键。当按键按下，相应的引脚输出为高电平。安装在机器人机身上的带解码接收板尺寸为 41 mm×22 mm×6.6 mm。遥控器控制无线模块实物与接口原理如图 6.30 所示。

　　PC 端上位机控制无线模块由两个相同的无线模块组成，一个安装在机器人机身上，另一个通过串口与 PC 端上位机相连。该无线模块是基于无线收发芯片 CC2530 开发而成的，可实现同时双向、不限包长、不间断数据传输，最远无线通

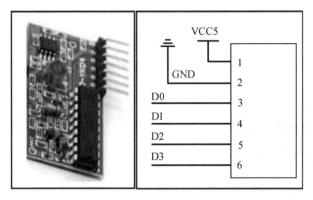

图 6.30　遥控器控制无线模块实物与接口原理

信距离可达 1 000 m。其供电电压为 2.8 ～ 3.5 V,可与微控制模块共用供电电压。工作电流小于 50 mA,功耗较低。可支持点对点通信模式或是广播通信模式,点对点工作模式下该模块使用协商式 Mac 协议,可以实现数据双向同时高速收发。广播通信模式下,由串口输入的并经无线发出的数据将被附近相同信道的多个无线模块接收到,可实现一对多通信。该模块可通过一个按键对通信模式、信道、波特率等基本参数进行设置。最高无线数据传输速率可达 3.3 KB/s。该无线模块的尺寸为 15.5 mm×35.5 mm,PC 端无线模块实物与接口原理如图 6.31 所示。

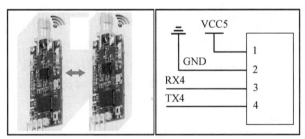

图 6.31　PC 端无线模块实物与接口原理

6.7.2　控制系统的软件设计

机器人的软件控制系统分为上位机与下位机两部分。机器人上位机为用户提供操作面板,可以方便用户监视机器人的爬行状态,对机器人发送控制指令,对运动状态数据进行存储,方便后期的数据处理与分析。机器人下位机实现了机器人直行、转弯、后退等不同功能的周期步态设计,以及两种无线遥控命令的接收与处理。

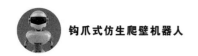
1. 机器人周期步态设计

根据驱动模块可知,调整舵机输入控制信号的脉冲信号的周期即可改变舵机的转动方向与位置。考虑到硬件产生周期性脉冲信号具有信号稳定、精度较高等特点,以及机器人的驱动数量,此处采用硬件控制舵机运行,即由单片机柔性定时器模块(Fles Timer Module,FTM)产生机器人驱动控制信号。FTM 是一个多功能定时器模块,可实现 PWM 输出、输入比较、输出比较、脉冲加减计数、脉冲周期脉宽测量及定时中断等功能。采用的 MK10DN512ZVLL10 芯片拥有 FTM0,FTM1,FTM2 3 个独立的 FTM 模块,共有 12 个通道可用于舵机的 PWM 输入,可满足机器人个驱动控制需求。

对机器人步态程序采用单元化设计,可将机器人实现不同功能的步态简化为对应的周期性步态单元,即直行步态单元、转弯步态单元和过渡步态单元。采用对足端轨迹优化后的对角周期性步态的一个步态周期作为机器人的周期步态单元,不同功能的周期性步态单元被编写为函数形式,机器人实现不同的爬行功能时可直接调用相应的函数。

机器人腿部简化模型如图 6.32 所示,为了实现机器人的不同功能,将机器人腿部角度 ε_1 和 ε_2 作为控制参数,其中 ε_1 为机器人腿部摆动角度,ε_2 为角度 ε_1 的角平分线与机器人机身方向的夹角。根据前文分析可知,角 ε_1 的值等于机器人腿部上摆角与下摆角的和,当改变 ε_1 的值,即可改变机器人腿部摆动幅度以提高机器人的爬行速度。改变舵机的转动速度也可以改变机器人的爬行速度,此处采用改变插值步长的方式改变舵机转速。当机器人腿部处于某一位置时,改变舵机控制信号的占空比舵机将以极限速度转动到目标位置。为了实现机器人摆腿速度可调以适应不同状况的爬行表面,采用等差数列对起始位置于目标位置之

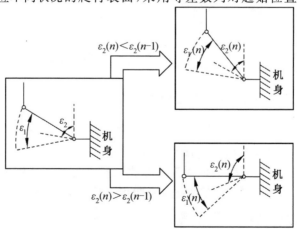

图 6.32　机器人腿部简化模型

间过程位置进行填充,使舵机经由过程位置缓慢调整至目标状态。当调整等差数列的步长时,即可改变舵机的平均转动速度。

为了实现机器人直行、转弯及后退的功能,引入了变量角 ε_2。改变角 ε_2 大小即可改变机器人腿部上摆角和下摆角大小,当角 $\varepsilon_2 = 90°$ 时,机器人腿部上摆角等于下摆角;当角 $\varepsilon_2 > 90°$ 时,机器人腿部上摆角大于下摆角;当角 $\varepsilon_2 < 90°$ 时,机器人腿部上摆角小于下摆角。可以根据步态规划的不同爬行行为所设计的腿部配合关系改变角 ε_2 的大小,并采用周期步态单元爬行以实现直行或转弯的功能。

由于不同功能的步态周期单元起始并不相同,因此当驱动机器人实现不同功能的步态转换时,舵机将从上一个步态周期单元起始位置以极限速度转动至目标步态周期单元起始位置。这种转动状态时将对机器人稳定爬行过程造成严重干扰,因此本书为机器人不同功能之间的转换行为设计了过渡步态单元,以实现机器人在爬行过程中以不影响机器人爬行状态的方式正常地过渡至目标步态周期单元起始位置。以机器人左前腿为例,过渡过程分为图 6.32 所示两种情况,其中上一个步态周期单元的腿部角度 ε_1 和 ε_2 分别记为 $\varepsilon_1(n-1)$ 和 $\varepsilon_2(n-1)$;目标步态周期单元的腿部角度 ε_1 和 ε_2 分别记为 $\varepsilon_1(n)$ 和 $\varepsilon_2(n)$。

当 $\varepsilon_2(n) < \varepsilon_2(n-1)$ 时,机器人左前腿过渡摆动过程为:

(1) 舵机驱动左前腿向下摆动 $\varepsilon_1(n-1)°$。

(2) 左前腿向上摆动 $(\varepsilon_2(n-1) - \varepsilon_2(n) + \varepsilon_1(n-1)/2 + \varepsilon_1(n)/2)°$。

当 $\varepsilon_2(n) > \varepsilon_2(n-1)$ 时,此时机器人左前腿过渡摆动过程为:

(1) 舵机驱动左前腿向下摆动 $(\varepsilon_2(n) - \varepsilon_2(n-1) + \varepsilon_1(n-1)/2 + \varepsilon_1(n)/2)°$。

(2) 左前腿向上摆动 $\varepsilon_1(n)°$。

2. 机器人遥控端程序设计

机器人采用无线信号作为控制方式,分别设计了 PC 端上位机无线控制方案与遥控器无线控制方案。由于上位机具备实时显示机器人运行状态的功能,将 PC 端上位机无线控制作为主控方案,其程序流程如图 6.33 所示。微控制器将在主程序中实时接收上位机发送的控制信号,并进行解析以执行相应的控制命令。上位机控制命令为四个字节:第一个字节控制机器人的主要运行状态,即停止、前进、后退;第二个字节控制机器人的爬行步长,即机器人腿部摆动角度;第三个字节控制机器人的爬行速度;第四个字节控制机器人的转弯状态,即左转度数、直行、右转度数。当微控制器经由无线模块接收到上位机发出的控制命令后,通过第一个命令字节判断目的运行状态,当接收为停止命令时,立即停止腿部摆动,将所有钩爪脚掌转换为附着状态,并将所有腿部状态信息保存下来;当接收到的命令为前进时,通过其他字节判断目的运行参数,并读取保存的腿部状态信息,根据前一运行状态信息与目标运行状态参数执行相应的过渡步态单元,然后执行目标步态单元并保存当前腿部状态信息；当接收到的命令为后退时，处理过程与收到前进命令时相同。

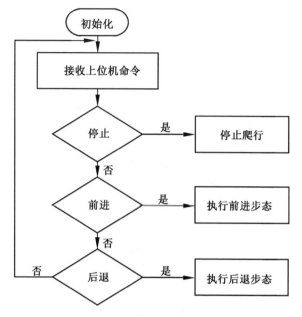

图 6.33　PC 端无线控制程序流程

遥控器无线控制作为辅助控制方案。遥控器 4 个控制按键对应的无线接收板 4 个输出端口分别与单片机的 4 个通用输入 / 输出口（General Purpose Input Output，GPIO）相连。当有对应的按键按下时，对应的输出端口将输出高电平，其中遥控器的 A、B、C、D 4 个按键分别对应机器人向右转弯、向前直行、向左转弯及向后直行 4 种控制命令。通过定时器中断实现每 1 ms 对相应的端口进行电平监测。其程序流程如图 6.34 所示，4 种状态处理过程类似，以控制前进为例。当机器人接收到前进控制命令时，单片机将读取上一运行状态腿部位置信息，根据当前命令执行相应的过渡步态，使机器人各个腿部执行到命令步态初始位置，然后执行目标步态单元并保存当前腿部状态信息。由于接收命令信息有限，将机器人目标运行速度与腿部目标摆动角度设置为使机器人能够安全运行的常量。

3. 机器人上位机软件设计

LabVIEW 是美国国家仪器（National Instruments，NI）公司开发的商用图形化编程开发平台，是一种图形化编程语言，又被称为 G 语言，已被广泛地应用于汽车、电子、生物、化工及生命科学等领域，是自动化测试、测量工程设计、开发、分析与仿真的专业工具。目前 LabVIEW 在工业界、学术界等多个领域被视为一个标准的数据采集与分析和仪器控制软件，几乎实现了与 GPIB、VXI、RS—

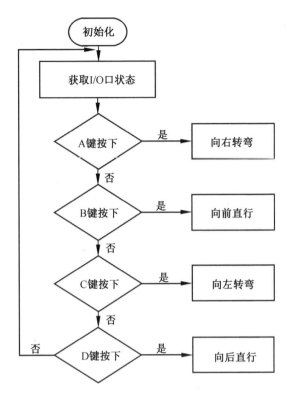

图6.34　遥控器无线控制程序流程

232和RS－485等协议硬件和数据采集卡通信的全部功能。利用该软件,用户可以方便地完成与各种软硬件的连接,并提供强大的后台数据处理能力,将处理结果显示在可视化界面上。Lab VIEW具有以下主要优势和特点:

① 直观的图形编程语言。

② 高级的应用专业工具库。

③ 精确的控制及测量能力。

④ 内置测量及分析函数。

⑤ 多平台、多计算目标及嵌入式设备。

采用LabVIEW进行上位机设计,可实现对机器人运行状态进行实时监控并存储,还可以根据用户需求对机器人发送控制命令,实现对机器人的无线操控。

为了使微控制器模块集中资源处理无线命令与步态程序,可将传感器模块数据经无线模块发送给上位机进行处理、显示与保存。上位机可通过VISA函数实现串口数据的接收与控制命令的发送。所设计上位机前面板如图6.35所示,包括初始化设置、数据显示与存储和控制命令设置与发送三个部分。通过对上位机初始化配置,可以完成通信端口对接、调整机器人与上位机的通信速率和数据传输格式、改变数据的存储路径；数据显示与存储部分可以将安装在机器人机身上的姿态传感器信息数据通过波形图表的方式实时显示出来，两个波形图表分别显示机器人三个方向的加速度信息和机器人的姿态角信息，并设置了保存按钮，使用户根据需求将机器人姿态数据存储下来；控制命令设置与发送部分可以将机器人腿部的摆动步长、机器人的爬行速度、机器人的爬行方向和机器人的三种运行状态（停止、前进与后退），以四个字节命令格式通过上位机 VISA 发送函数与无线模块发送给机器人解析，并执行相应的步态程序。

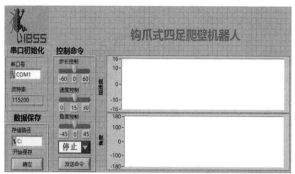

图 6.35　钩爪式四足爬壁机器人上位机前面板

上位机后面板为系统图形化编程程序结构，通过 VISA 实现与串口全双工通信功能。程序开始运行时，用户是否有需要发送的控制命令数据，若有则通过 VISA write 函数将相应的控制命令发送给机器人；接着上位机通过 VISA read 函数读取机器人通过串口发送的姿态传感器数据，其中传感器模块发送给上位机的数据进行分包发送，共 3 个数据包，分别为加速度包、角速度包和角度包，3 个数据包顺序发送。串口通信波特率采用 115 200，系统每隔 10 ms 收到机器人 3 个数据包的姿态数据。为了识别每包数据对应的状态以及数据的对应位置，发送时为每包的数据添加不同的标识字符。加速度数据包的标识字符为 0x55 和 0x51；角速度数据包的标识字符为 0x55 和 0x52；角度数据包的标识字符为 0x55 和 0x53。因此，当上位机通过 VISA read 函数检测到相应的数据包标识字符时，则将数据按顺序读出并将其解算为对应的加速度和角度数据，通过波形图表的形式显示在前面板上。同时系统为了方便用户可以对机器人不同时刻的状态数据进行分析处理，所以将当前时间与对应时刻的状态数据保存在 Excel 中。

操作人员通过遥控器对机器人发送控制指令，机器人通过解析指令内容进行状态调整。然而实际运行中，虽然发送直行指令，但仍存在以下几种原因导致机器人在爬行过程中发生偏转：

（1）机器人机身存在安装误差，导致机器人以对角步态爬行时处于对角位置的腿部摆动幅度不一致。

（2）爬行表面粗糙度较小，钩爪脚掌刚与爬行表面接触时很难直接钩附到粗糙表面的凸起颗粒，因此需要沿表面滑动一段距离找到可附着的颗粒，机器人以对角步态爬行时两侧钩爪脚掌将存在附着时差，导致机身在重力作用下发生偏转。

（3）粗糙表面的凸起颗粒由于钩爪脚掌的载荷作用而发生脱落，从而导致钩爪脚掌滑移及机身偏转。

随着偏离误差逐渐累加，当机身轴线方向与重力方向夹角过大时，钩爪脚掌将无法提供足够的附着力而导致机器人从竖直爬行表面坠落。在后文的机器人爬行实验过程中发现，当机器人机身中轴线与重力方向夹角绝对值超过50°时，机器人将无法维持在竖直表面爬行过程中的附着状态。因此，为了避免操作人员需要时刻观察以调整机器人在竖直表面的爬行状态，本书在上位机控制系统内添加了闭环控制，使机器人可以自主达到命令目的状态。其控制原理如图6.36所示，操作人员向机器人发送控制指令，机器人执行相应的步态，并将姿态数据发送至上位机，其中姿态角中的偏航角代表了机器人的爬行方向，表示为机身中轴线方向与重力方向的夹角。因此，在上位机中读取机器人反馈的偏航角，并与控制命令的目标角度共同作为控制系统的输入，形成闭环控制，提高了系统的控制精度。同时为了保障机器人在竖直表面安全地爬行，为机器人设置了爬行方向安全阈值，将机器人左转或右转的最大角度设置为45°，当机身中轴线与重力方向夹角超过45°时，机器人自动通过步态将角度调整为45°。

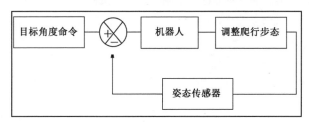

图6.36　机器人姿态反馈控制原理

6.8　机器人的爬行实验

通过机器人机身结构、控制系统分析与设计，最终设计成功钩爪式四足爬壁机器人。该机器人总质量为400 g，几何尺寸为43.5 cm（机身长度）×23 cm（机身宽度）×5 cm（机身高度），可通过遥控器或PC端远程控制机器人实现直行、转弯、调节爬行速度、改变单个腿部跨距等功能。该机器人将来可代替人工应用于一些极限环境下的救援及勘测等任务。本节将对机器人在不同表面的适应性、爬壁性能、负载能力以及对不同指令的执行能力进行系统测试。

6.8.1　机器人的爬行速度与负载能力测试

自然界中常见的粗糙环境表面大多分布着不规则的凸起颗粒,比如混凝土墙表面及砖墙表面,凸起颗粒的埋入深度、分布、颗粒尺寸通常是不规律、不均匀的。在这些基底尺寸不规律的表面将无法测试钩爪式爬壁机器人的适应范围,因此制作了多种不同粗糙度的爬行表面以测试机器人适应能力。分别选用 10目、12 目、14 目、16 目、18 目、20 目、25 目和 35 目石英砂作为粗糙表面的基底,共制作了 8 种粗糙表面,如图 6.37 所示,其中目数越大代表所用基底颗粒尺寸越小,通常将 1 in(1 in＝25.4 mm) 宽度的筛网内的筛孔个数表示为目数。粗糙爬行表面目数与基底尺寸对应关系见表 6.4。分别在 8 种粗糙表面测试机器人的极限爬行速度、静态极限负载能力以及动态极限负载能力,并对所优化的足端轨迹进行验证。

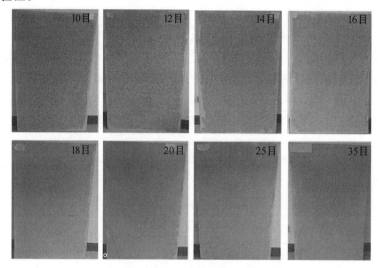

图 6.37　8 种粗糙爬行表面

表 6.4　粗糙爬行表面目数与基底尺寸对应关系

粗糙爬行表面目数	基底颗粒直径 /mm
10	2.00
12	1.70
14	1.40
16	1.18
18	1.00
20	0.85
25	0.71
35	0.50

1. 爬行速度测试

机器人爬行速度性能测试过程为：

（1）第一次测试时将机器人的爬行速度调节为最低。

（2）将机器人放在竖直测试表面下方，并使机器人各个腿部处于对角周期步态初始位置，4 个脚掌均处于附着状态。

（3）通过遥控器控制向上爬行，并记下开始爬行的时间，当机器人爬行到测试表面顶端时，停止运行并记下结束时间。通过标尺即可测得机器人的爬行距离，从而得到机器人整个过程爬行的平均速度，完成一个测试过程。

若在该过程中机器人没有从竖直爬行表面坠落或是出现附着脚掌严重滑动的现象，则可以认为机器人可以以测试速度在该表面稳定爬行。为了测得机器人在该表面的极限爬行速度，逐渐提高机器人的爬行速度，重复步骤（2）和步骤（3）的过程直到机器人无法实现在该表面稳定爬行。以机器人在 20 目粗糙表面爬行过程为例，测试过程如图 6.38 所示。为了去除偶然因素，机器人在每种表面以每种爬行速度爬行三次，极限速度以三次全部实现稳定爬行为准。机器人在 8 种粗糙表面的极限爬行速度测试结果见表 6.5。

(a) 极限爬行速度测试　　　　　(b) 极限负载测试

图 6.38　机器人爬行性能测试

表 6.5　机器人在 8 种粗糙表面的极限爬行速度测试结果

粗糙爬行表面目数	竖直表面极限爬行速度 /(cm·s^{-1})
10	7.0
12	7.8
14	8.3
16	8.2
18	8.8
20	8.7
25	8.5
35	7.2

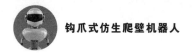

2. 负载能力测试

机器人的负载能力测试分为静态极限负载测试与动态极限负载测试。静态极限负载测试时,使机器人 4 个钩爪脚掌附着在测试表面上,并在机器人尾部添加砝码,直至机器人无法保持附着状态,此时得到机器人的静态负载极限,其测试结果见表 6.6。动态测试时,使机器人保持以 1 cm/s 的速度向上缓慢爬行,每经过三次稳定爬行,则向机器人尾部添加砝码,重复爬行过程直至机器人无法实现稳定爬行。在不同表面的动态极限负载爬行结果见表 6.7。

表 6.6 机器人在 8 种粗糙表面的静态极限负载能力

粗糙爬行表面目数	竖直表面极限静态载重量 /kg
10	1.2
12	1.2
14	1.2
16	1.0
18	1.0
20	1.0
25	1.0
35	0.8

表 6.7 机器人在 8 种粗糙表面的动态极限负载能力

粗糙爬行表面目数	竖直表面极限动态载重量 /g
10	350
12	350
14	350
16	500
18	500
20	500
25	450
35	300

为了验证所设计机器人钩爪脚掌的足端轨迹的性能,使机器人分别使用图 6.11 所示两种足端轨迹在同一粗糙表面以较快的速度爬行,本次实验采用 18 目的粗糙竖直表面,机器人爬行速度设置为 5 cm/s。最终通过机器人上位机

记录得到的数据如图 6.39 所示,测试结果表明,当机器人使用优化后的足端轨迹快速爬行时,机身在 y 轴方向(垂直于爬行表面方向)产生的加速度变化更平缓,峰值更小,表明爬行过程中机器人受到的法向干扰更小,爬行稳定性更高。

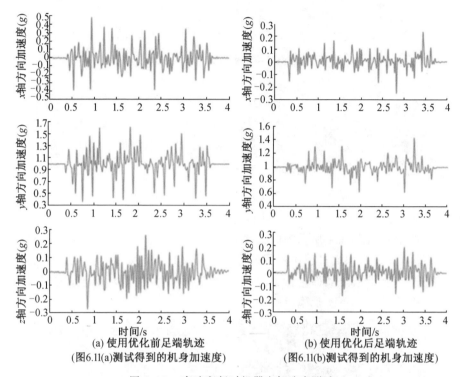

(a) 使用优化前足端轨迹
(图6.11(a)测试得到的机身加速度)

(b) 使用优化后足端轨迹
(图6.11(b)测试得到的机身加速度)

图 6.39　高速爬行时机器人加速度测试

6.8.2　机器人反馈控制的实验验证

上位机反馈控制系统使机器人可以在爬行过程中通过步态调整机身状态,提高机器人的控制精度。分别由遥控器和上位机对机器人发出直行命令,使机器人以相同的速度、相同的摆腿幅度竖直向上攀爬,得到的机器人攀爬过程序列分别如图 6.40 和图 6.41 所示。图中虚线为机器人直行的理想爬行轨迹,经过实验测试,由遥控器发出直行指令时,机器人向上爬行了 60 cm,机身向左偏离了 9°,由上位机发出直行指令时,机器人向上爬行了 70 cm,机身向右偏离了 1°。实验结果表明,上位机系统对机器人控制精度更高,反馈控制效果较为理想。

在反馈控制模式下,机器人不仅可以沿着理想爬行轨迹直行,还可以根据发送的目标角度指令,基于自身目前状态进行步态调整,最终使机身调整为目标角度并沿目标角度爬行。图 6.42 所示为向机器人发送 0° 目标角度命令,机器人从机身初始角度逐渐调整为最终目标角度 0° 的过程序列图。图 6.43 所示为向机器

图 6.40 遥控器控制机器人直线向上爬行过程

图 6.41 PC 端控制机器人直线向上爬行过程

人发送 30° 目标角度命令,机器人从机身初始角度逐渐调整为最终目标角度 29° 的过程序列图。图 6.44 所示为向机器人发送后退命令,机器人从测试表面顶部后退到测试面板底部的过程序列图。为了验证设计的机器人在真实表面的适用性,对机器人在混凝土墙面进行了测试,图 6.45 所示为机器人爬行过程序列图。结果表明,机器人均可实现稳定爬行。

图 6.42 PC 端发送 0° 命令机器人左转姿态调整过程

图 6.43 PC 端发送 30° 命令机器人右转姿态调整过程

验证实验结果表明,钩爪式四足爬壁机器人不仅可以较好地实现前进、后退及转弯等基本功能,还可以通过反馈控制使机器人通过步态调控而自动调整机身姿态以达到沿目标角度攀爬的目的。

图 6.44　机器人后退爬行过程

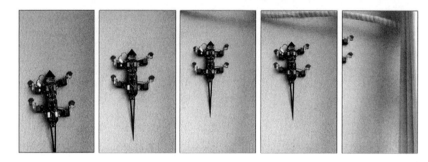

图 6.45　机器人在真实墙面爬行过程

第 7 章

对抓钩爪式六足爬壁机器人

对抓钩爪式六足爬壁机器人采用稳定的三角步态可以完成在粗糙壁面任意方向上的攀爬。本章主要介绍对抓钩爪式六足爬壁机器人的机身结构设计、脚掌设计、机器人的步态规划与仿真,并开展机器人性能测试。

如前文所述,昆虫或机器人在竖直粗糙表面水平方向或在倒置粗糙表面爬行时,仅依靠足端的单向钩爪产生的抓附力无法实现附着与爬行。第 4 章研究了对抓钩爪的抓附机理,本章将根据第 4 章对抓钩爪抓附理论的研究,设计对抓钩爪式爬壁机器人。

相比于在竖直壁面内的向上爬行,机器人在竖直壁面横向爬行或在倒置面爬行时难度更大,风险系数更高。因此,设计了六足爬壁机器人,规划了爬行更为稳定的三角步态。

本章介绍了对抓钩爪式六足爬壁机器人的脚掌设计、结构设计、步态规划与仿真,并开展了实验验证。关于六足机器人的控制,相关技术与实现方法已在第 6 章中详细介绍,本章不再赘述。

7.1　柔性对抓钩爪的脚掌设计

由第 4 章的研究可知,对抓钩爪的抓附力与钩爪接触角有很大关系,通过对抓钩爪机构的设计可以实现抓附力增加。同时钩爪尖端与粗糙表面颗粒直径的比值也会影响到钩爪尖端的抓附力,对于固定的粗糙表面采用较小直径的钩爪尖端可以获得更大的抓附力,但较小直径的钩爪尖端刚度较小,可能会发生弯曲变形,导致抓附力降低,所以要选用合适尺寸的钩爪。钩爪数目也不是越多越好,应根据不同的粗糙表面选取合适的对抓钩爪脚掌。当对抓钩爪抓附时,钩爪脚掌会发生变形使得钩爪尖端在粗糙颗粒表面滑至合适的角度进行抓附以得到最大的抓附力,所以在对抓钩爪脚掌数目确定的情况下设计合适的对抓钩爪脚掌,使得脚掌上的每个钩爪都可以与粗糙表面充分接触并进行抓附作用,对于对抓钩爪机构的抓附性能提升非常重要。

首先观察对抓钩爪机构在抓附、脱附过程中的形状变化,通过实验得到整个抓附、脱附过程中力的变化,进而分析影响钩爪脚掌抓附性能的因素,并通过改变钩爪脚掌的形状得到最优性能的对抓钩爪脚掌设计方法。

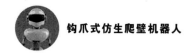

7.1.1 柔性对抓钩爪脚掌的设计

对于可以在竖直及倒置粗糙表面实现抓附的对抓钩爪机构而言,其主要依靠的是最终抓附时能够与粗糙表面颗粒充分接触的钩爪尖端的数量。当钩爪能够与粗糙表面颗粒接触并以适合的角度作用时,整个对抓钩爪机构的抓附性能会更好。所以在确定对抓钩爪机构的前提下设计合适的对抓钩爪脚掌极其重要,对抓钩爪脚掌在对抓钩爪机构中起到的作用是连接对抓钩爪机构的驱动装置及固定钩爪,这就要求对抓钩爪脚掌要有足够的柔性,因为钩爪在抓附中需要不断调整与粗糙表面颗粒的接触角来提升抓附性能。6.1 节中提出了钩爪式脚掌设计必须考虑的几点因素,在此基础上,对抓式钩爪脚掌的设计还必须考虑以下几点:

(1)对抓钩爪脚掌应具备足够的柔性,当对抓钩爪机构驱动对抓钩爪脚掌带动钩爪抓附时,这一过程应该是对抓钩爪脚掌通过形变使得对抓钩爪脚掌顶端的钩爪可以实现在粗糙表面颗粒的滑动达到合适的接触角实现抓附。

(2)对抓钩爪脚掌前端安装钩爪的脚趾形状应是相同的,这会保证在同一对抓钩爪脚掌上的钩爪在与粗糙表面接触时有相同的初始接触角度与相同的内收作用力,使得相对应的一对对抓钩爪受力平衡。

(3)对抓钩爪脚掌设计应保持对称性,对抓钩爪机构内可能会存在两个或者多个对抓钩爪脚掌,当对抓钩爪机构抓附时,多个对抓钩爪脚掌产生的切向抓附力应保持对抓钩爪机构接触面内的受力平衡。

在对抓式钩爪脚掌的设计中,采用了 2 mm 厚的硅胶作为脚掌材料,通过金属钩爪脚掌连接件连接对抓钩爪机构驱动舵机与柔性对抓钩爪脚掌,对抓钩爪脚掌与钩爪相连的前端脚趾具备柔性,同时金属钩爪脚掌连接件使得钩爪脚掌具备足够的刚度承受更大的负载。根据对壁虎脚掌的观察,将设计的钩爪前端制作成脚趾样式的长方体,钩爪脚趾之间有一定的间隙保持相互独立,单个对抓钩爪脚掌上放置有多个对抓钩爪脚趾。在对抓钩爪脚趾末端,将弯曲成 U 形的钩爪嵌入对抓钩爪脚趾,钩爪尖端与脚掌之间的夹角为 45°,但是在对抓钩爪抓附时钩爪尖端与粗糙表面颗粒的作用角并不是 45°,这是因为对抓钩爪尖端与粗糙表面作用分为两个阶段:第一个阶段,对抓钩爪尖端接触到表面粗糙颗粒,由于对抓钩爪脚掌被驱动舵机压向抓附表面,柔性对抓钩爪脚趾发生变形,此时对抓钩爪尖端将会在粗糙颗粒表面滑动;第二个阶段,对抓钩爪尖端在粗糙表面滑动到合适的接触角时对抓钩爪完成抓附。

在实际应用时,由于无法直接确定对抓钩爪脚趾的形状大小,以及单个对抓钩爪脚掌上对抓钩爪脚趾的个数对于对抓钩爪机构抓附性能的影响,所以先设计不同形状、数目的对抓钩爪脚趾进行对比实验。通过对比分析确定最终对抓钩爪的样式,实验时为了保证条件的一致性,设计的对抓钩爪脚趾间要相互平行且大小形状相同,实验采用的对抓钩爪脚掌样式如图 7.1 所示。

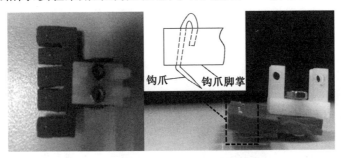

图 7.1　实验采用的对抓钩爪脚掌样式

7.1.2　柔性对抓钩爪脚掌抓附性能的影响因素

对抓钩爪的球面接触模型显示对抓钩爪的抓附性能主要与对抓钩爪抓附时钩爪尖端的接触角度有关,从对抓钩爪的对抓模型来看,对抓钩爪的抓附性能还与对抓钩爪驱动力作用点及钩爪尖端作用面的距离和对抓钩爪驱动力作用点、钩爪尖端作用点的水平方向距离相关。在制作对抓钩爪脚掌时会通过改变对抓钩爪脚掌的柔性对钩爪尖端的接触角度进行调整,本节通过实验分析这些因素对于对抓钩爪抓附性能的影响,通过总结分析对对抓钩爪脚掌进行改进。

将对抓钩爪机构固定在一个一维力传感器上,通过二维线性移动平台带动对抓钩爪机构移动,进而得到对抓钩爪机构脱附时的抓附力。改变对抓钩爪机构在一维力传感器上的固定方向及角度得到对抓钩爪机构在粗糙表面抓附时的法向抓附力和切向抓附力。实验采用了中航 ZEMIC L6D－Cx－3 kg－0.4 B 一维力传感器,传感器具体参数见表 7.1。

表 7.1　L6D－Cx－3 kg－0.4 B 一维力传感器参数

名称	单位	参数值
额定载荷	kg	3
输出灵敏度	mV/V	2.0 ± 0.2
精度		C3
综合误差	%FS	±0.02
零点输出	%FS	±2
输入阻抗	Ω	406 ± 6
输出阻抗	Ω	350 ± 3

在对抓钩爪脚掌的抓附力测试实验中,还使用高速摄像机记录了钩爪抓附

时钩爪尖端与抓附表面接触角的动态变化过程,对抓钩爪机构在不同的离地高度抓附时,改变抓附角度分析钩爪尖端接触角对于抓附性能的影响。图 7.2(a)和(b)为对抓钩爪在一维力传感器上的两种固定角度,分别用来进行法向抓附力和切向抓附力的测试,法向抓附力的实验与预压力的测试实验为同一组,切向抓附力的测试实验与法向抓附力的测试实验分开进行。对抓钩爪脚掌的抓附力测试平台如图 7.2(c)所示。

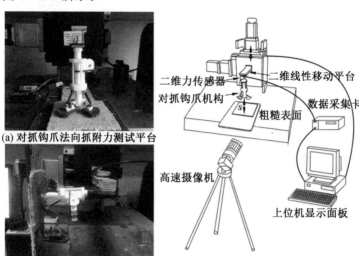

(a) 对抓钩爪法向抓附力测试平台

(b) 对抓钩爪法向抓附力测试平台　(c) 对抓钩爪脚掌的抓附力测试平台接线图

图 7.2　对抓钩爪脚掌的抓附力测试平台

1. 对抓钩爪接触角度对抓附性能的影响

本节研究通过对抓钩爪在抓附及脱附过程中预压力及抓附力的变化,分析对抓钩爪接触角度对抓附性能的影响。使每项参数变化,开展 10 组测试实验。

图 7.3 所示为三个脚掌的对抓钩爪机构在 25 目石英砂粗糙表面作用时的抓附和脱附受力过程。在抓附阶段,a 阶段为当对抓钩爪机构未开始抓附时,对抓钩爪机构距离粗糙表面有一定的距离,对抓钩爪脚掌处于抬起的状态,没有与粗糙表面接触;b 阶段为当对抓钩爪机构开始抓附过程后,驱动舵机驱动对抓钩爪脚掌落下,对抓钩爪脚掌与粗糙表面接触后对抓钩爪机构开始受到压力,即为对抓钩爪机构的预压力;在对抓钩爪脚掌不断向下压的过程中,钩爪尖端在表面粗糙颗粒不断滑动到达与粗糙表面颗粒成合适的接触角后停止,预压力到达最大值并实现抓附,也就是图 7.3 中 c 阶段,为稳定抓附阶段,对抓钩爪在粗糙表面为静止状态。

在脱附阶段,线性移动平台带动对抓钩爪机构向上移动时,当二维线性移动平台带动对抓钩爪机构向上移动时,钩爪仍然处于与粗糙表面颗粒接触的状

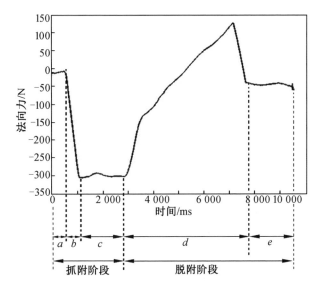

图 7.3　对抓钩爪机构抓附、脱附受力过程

态。在 d 阶段,由于对抓钩爪机构向上移动,对抓钩爪脚掌发生变形,进而带动钩爪使得钩爪尖端接触角发生变化,钩爪尖端接触角不断增大,对抓钩爪抓附力不断增大,同时钩爪尖端也在粗糙表面颗粒上向上滑动,当对抓钩爪尖端将要脱离时对抓钩爪机构的抓附力达到最大;然后在 e 阶段,对抓钩爪逐个或者同时脱落,对抓钩爪机构抓附力下降至完全脱附。对抓钩爪尖端在粗糙颗粒半球体顶端滑动的过程中,钩爪尖端与粗糙颗粒接触角不断增大的同时,钩爪尖端与对抓钩爪脚趾间的夹角也是不断增大的。

　　在对抓钩爪实际抓附时,发现对抓钩爪尖端与粗糙表面的接触角度为 α 实际上与对抓钩爪机离地高度 s 有关,由对抓钩爪脚掌的柔性可知,当采用相同的力矩对对抓钩爪脚掌作用时,对抓钩爪机构离地高度越低,由于钩爪尖端的作用位置不会发生太大的变化,因此对抓钩爪脚掌的形变会越大,此时对抓钩爪脚掌的形变则会使得钩爪尖端与表面粗糙颗粒的接触角度发生变化,同时对抓钩爪的抓附性能也会发生变化。当其他条件均相同的情况下,由于对抓钩爪脚掌的长度以及控制芯片的保护电压的限制,采取对抓钩爪机构离地高度 s 为 10.6 mm、10.2 mm 和 9.8 mm 来对这一推测进行验证,其中对抓钩爪机构离地高度 s 为对抓机构底部平台距离粗糙表面的距离,如图 7.2(c) 所示。

　　由图 7.4 可以看出,对抓钩爪的钩爪尖端接触角 α 与对抓钩爪机构离地高度 s 之间呈线性相关的关系。当对抓钩爪机构离地高度 s 为 10.6 mm 时,对抓钩爪尖端接触角 α 为 $(61.75 \pm 0.41)^\circ$;当对抓钩爪机构离地高度 s 为 10.2 mm 时,对抓钩爪尖端接触角 α 为 $(63.46 \pm 0.22)^\circ$;当对抓钩爪机构离地高度 s 为 9.8 mm

时,对抓钩爪尖端接触角 α 为 $(65.07 \pm 0.13)°$。从数据可以看出,当对抓钩爪机构的离地高度 s 减小时,对抓钩爪尖端接触角 α 增大,这与之前通过假设表面粗糙颗粒为半球体所建的球面抓附模型是一致的。当对抓钩爪离地高度大于 10.6 mm 时,部分钩爪尖端未能接触粗糙表面颗粒,对抓钩爪并没有实现良好的抓附;当对抓钩爪离地高度小于 9.8 mm 时,由于对抓钩爪脚掌的弯曲有一定限度,驱动舵机无法继续旋转,导致负载过大,控制板有过载烧毁的风险,没有继续实验。最终采用的是小于 10.6 mm 且大于 9.8 mm 的对抓钩爪离地高度。

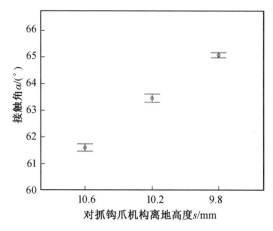

图 7.4　对抓钩爪机构离地高度 s 与钩爪接触角 α 的关系

图 7.5(a) 所示为对抓钩爪机构预压力与离地高度 s 的关系,当对抓钩爪机构离地高度 s 为 10.6 mm 时,对抓钩爪机构预压力为 (1.58 ± 0.12)N;当对抓钩爪机构离地高度 s 为 10.2 mm 时,对抓钩爪机构预压力为 (2.52 ± 0.08)N;当对抓钩爪机构离地高度 s 为 9.8 mm 时,对抓钩爪机构预压力为 (3.67 ± 0.19)N。从数据可以看出,随着对抓钩爪机构离地高度 s 的减小,对抓钩爪机构预压力是逐渐增大的,同时从图 7.5(a) 可以看出对抓钩爪机构预压力是与对抓钩爪机构离地高度 s 之间呈线性相关的。图 7.5(b) 所示为对抓钩爪机构离地高度 s 与抓附力的关系,当对抓钩爪机构离地高度 s 为 10.6 mm 时,对抓钩爪机构抓附力为 (1.63 ± 0.09)N;当对抓钩爪机构离地高度 s 为 10.2 mm 时,对抓钩爪机构抓附力为 (2.71 ± 0.13)N;当对抓钩爪机构离地高度 s 为 9.8 mm 时,对抓钩爪机构抓附力为 (3.81 ± 0.21)N。从数据可以看出,随着对抓钩爪机构离地高度 s 的减小,对抓钩爪机构抓附力是逐渐增大的,同时从图 7.5(b) 可以看出对抓钩爪机构抓附力是与对抓钩爪机构离地高度 s 之间呈线性相关的。

综上所述,对抓钩爪机构预压力及抓附力均是与对抓钩爪机构离地高度 s 之间呈线性相关的,当对抓钩爪机构离地高度降低时,对抓钩爪机构预压力及抓附力均会相应增大,这是因为当对抓钩爪机构离地高度降低时,对抓钩爪脚掌的柔

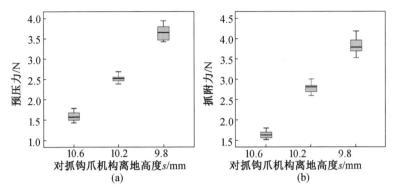

图 7.5　对抓钩爪机构离地高度 s 与预压力及抓附力的关系

性会帮助钩爪脚掌变形,在对抓钩爪机构的压力外再对钩爪尖端施加一个弹力,从而使对抓钩爪抓附时的预压力增大,钩爪脚掌的形变越大,相应弹力越大,则预压力越大。同样,对抓钩爪机构离地高度降低时,钩爪尖端的接触角会相应增大,这个接触角是钩爪脱附过程中的初始接触角,当对抓钩爪开始随着对抓钩爪机构向上移动暴力脱附时,这个接触角不断增大,相应的对抓钩爪机构的抓附力也不断增大,最终在脱附瞬间达到最大。所以对抓钩爪脚掌的柔性在对抓钩爪抓附及脱附过程中都有很重要的作用,对于对抓钩爪的抓附性能有很大的提升。

2. 对抓钩爪脚趾对抓附性能的影响

对抓钩爪对粗糙表面的作用是通过钩爪尖端与粗糙表面颗粒的接触作用来实现的,而钩爪则是固定在对抓钩爪脚掌末端的脚趾上,本节通过实验探究对抓钩爪脚掌及脚趾的形状对于对抓钩爪机构抓附性能的影响。对抓钩爪脚掌均采用 2 mm 的硅胶切割进行制作,对抓钩爪机构采用 3 个对抓钩爪脚掌的方式,用 35 目的石英砂表面作为粗糙面开展实验,本节每组对比实验均为 5 组。

将对抓钩爪脚掌的影响分为三部分:第一部分为单个对抓钩爪脚掌脚趾数目对抓附性能的影响;第二部分为对抓钩爪脚趾长度对抓附性能的影响;第三部分为对抓钩爪脚趾宽度对抓附性能的影响。

(1)脚趾数目对抓附性能的影响。

结合实验对比分析,对钩爪爬壁机器人使用的对抓钩爪脚掌进行优化设计。在其他实验数据不变的情况下,以 5 ~ 10 个脚趾的钩爪脚掌分别开展实验,如图 7.6 所示。

图 7.7 所示为单个对抓钩爪脚掌上不同脚趾数目对预压力的影响,图7.8 和图 7.9 分别为单个对抓钩爪脚掌上不同脚趾数目对法向抓附力和切向抓附力的影响。当单个对抓钩爪脚掌上脚趾数目为 5 时,对抓钩爪机构预压力为(1.54 ± 0.10)N,对抓钩爪机构法向抓附力为(2.92 ± 0.08)N,对抓钩爪机构切向抓附力

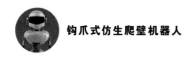

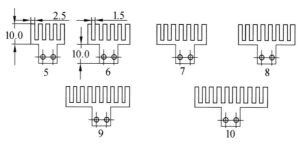

图 7.6　对抓钩爪脚掌不同脚趾数目实验脚掌参数(单位:mm)

为(2.37±0.13)N;当单个对抓钩爪脚掌上脚趾数目为 6 时,对抓钩爪机构预压力为(2.35±0.08)N,对抓钩爪机构法向抓附力为(3.41±0.75)N,对抓钩爪机构切向抓附力为(2.16±0.11)N;当单个对抓钩爪脚掌上脚趾数目为 7 时,对抓钩爪尖机构预压力为(2.67±0.25)N,对抓钩爪机构法向抓附力为(3.55±0.79)N,对抓钩爪机构切向抓附力为(2.18±0.11)N;当单个对抓钩爪脚掌上脚趾数目为 8 时,对抓钩爪尖机构预压力为(2.83±0.01)N,对抓钩爪机构法向抓附力为(3.73±0.10)N,对抓钩爪机构切向抓附力为(2.54±0.06)N;当单个对抓钩爪脚掌上脚趾数目为 9 时,对抓钩爪尖机构预压力为(2.23±0.42)N,对抓钩爪机构法向抓附力为(3.09±0.09)N,对抓钩爪机构切向抓附力为(1.88±0.11)N;当单个对抓钩爪脚掌上脚趾数目为 10 时,对抓钩爪尖机构预压力为(1.50±0.15)N,对抓钩爪机构法向抓附力为(1.83±0.37)N,对抓钩爪机构切向抓附力为(2.18±0.24)N。由此可以看出,随着单个对抓钩爪脚掌上脚趾数目的增加,对抓钩爪机构的预压力、法向抓附力及切向抓附力并不是逐渐增大的。

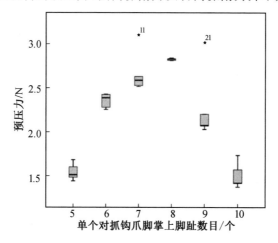

图 7.7　单个对抓钩爪脚掌上不同脚趾数目对预压力的影响

在单个对抓钩爪脚掌上脚趾数目从 5 个增加到 8 个的过程中,对抓钩爪机构

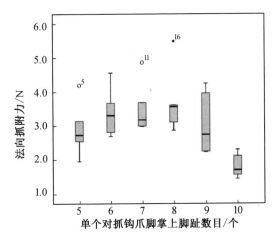

图 7.8　单个对抓钩爪脚掌上不同脚趾数目对法向抓附力的影响

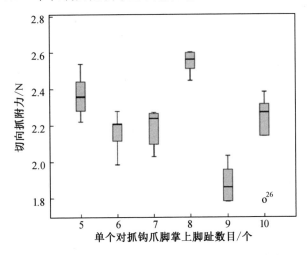

图 7.9　单个对抓钩爪脚掌上不同脚趾数目对切向抓附力的影响

的预压力和法向抓附力的变化趋势均是随着对抓钩爪脚掌上脚趾数目的增加而增加，切向抓附力也有相近的趋势，说明在这个过程中由于对抓钩爪的脚趾数目增加，也就是钩爪的数目增加使得对抓钩爪实际抓附时能够有效利用的钩爪数目增加，使得整个机构在抓附及脱附时的预压力及法向抓附力合力增大。但是，在单个对抓钩爪脚掌上脚趾数目从 8 个增加到 10 个的过程中，对抓钩爪机构的抓附力和法向抓附力随着对抓钩爪脚掌上脚趾数目的增加反而逐渐减小，这说明当单个对抓钩爪脚掌上脚趾数目过多时，能够有效利用的对抓钩爪数目并没有线性增加，反而由于钩爪作用之间的相互干涉部分钩爪变成了冗余钩爪，当一些钩爪可以与表面粗糙颗粒实现良好的接触作用时，由于表面粗糙不平和钩爪脚趾的不均匀导致另一部分钩爪无法完成抓附或者并不能实现良好的抓附，这些未能完成良好抓附的钩爪反而会影响到完成良好接触的钩爪,改变这些良好作用的钩爪的接触角,降低对抓钩爪机构的抓附性能。对于切向脱附而言,由于切向作用力主要集中在反方向上的单向脚掌的钩爪尖端,当钩爪数目增加时,切向抓附力也会相应地增加,但是钩爪过多产生的冗余钩爪也会影响已经完成抓附的钩爪,从而降低抓附性能。当对抓钩爪脚趾数目为 5 时,切向抓附力比 6 个及 7 个脚趾时高,可能是因为当钩爪数目为 5 时,钩爪尖端方向与切向脱附方向完全相反,所以对抓钩爪的切向力即为切向抓附力。所以当进行对抓钩爪脚掌设计时,脚趾数目的选择十分重要,对于不同的抓附表面及抓附性能要求,需根据具体的抓附表面及抓附要求进行选择。

(2)脚趾长度对抓附性能的影响。

以脚趾长度分别为 10 mm、13 mm、16 mm 进行对比实验,研究脚趾长度对抓附性能的影响,脚趾数目均为 5,宽度为 2.5 mm。实验采用的对抓钩爪脚掌参数如图 7.10 所示。

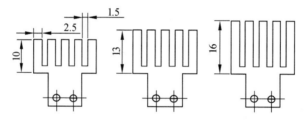

图 7.10　对抓钩爪脚掌不同脚趾长度的实验脚掌参数(单位:mm)

图 7.11 所示为对抓钩爪脚掌上不同脚趾长度对预压力的影响,图 7.12 和图 7.13 分别为单个对抓钩爪脚掌上不同脚趾数目对法向抓附力和切向抓附力的影响。当对抓钩爪脚掌上脚趾长度为 10 mm 时,对抓钩爪机构预压力为(1.24±0.05)N,对抓钩爪机构法向抓附力为(1.92±0.20)N,对抓钩爪机构切向抓附力为(1.69±0.09)N;当对抓钩爪脚掌上脚趾长度为 13 mm 时,对抓钩爪机构预压力为(1.25±0.03)N,对抓钩爪机构法向抓附力为(2.35±0.43)N,对抓钩爪机构切向抓附力为(2.48±0.19)N;当对抓钩爪脚掌上脚趾长度为 16 mm 时,对抓钩爪机构预压力为(0.72±0.06)N,对抓钩爪机构法向抓附力为(2.70±0.45)N,对抓钩爪机构切向抓附力为(2.22±0.16)N。从数据可以看出来,随着对抓钩爪脚掌上脚趾长度增大,对抓钩爪机构的预压力反而呈下降的趋势,法向抓附力则呈逐渐增大的趋势,切向抓附力则是在脚趾长度为 13 mm 时为最大。

对于对抓钩爪机构的抓附而言,对抓钩爪脚掌上脚趾长度越长,意味着钩爪力矩的力臂越长,当驱动舵机力矩相同时,相应作用在钩爪尖端的主动力会减小,所以对抓钩爪脚掌上脚趾长度增长会导致对抓钩爪机构抓附阶段的预压力降低。但是在对抓钩爪脚掌上脚趾长度增加且脚掌柔性不变的情况下,且对抓

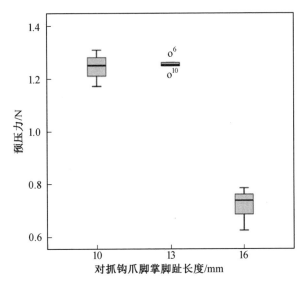

图 7.11　对抓钩爪脚掌上不同脚趾长度对预压力的影响

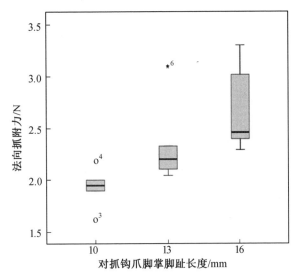

图 7.12　对抓钩爪脚掌上不同脚趾长度对法向抓附力的影响

钩爪机构处于脱附阶段,由于对抓钩爪脚趾足够长,钩爪尖端在粗糙表面颗粒上的滑动时间增加,钩爪尖端可以滑动到更大的接触角,从而提高对抓钩爪的法向抓附力。

　　对于切向脱附而言,由于受力集中在切向移动反方向的单向脚掌的钩爪尖端,钩爪脚趾长度增长使得钩爪尖端达到更大的接触角以提升切向抓附性能,当脚趾过长时,由于脚趾的弯曲可能会使得脚趾与粗糙表面接触产生对钩爪尖端

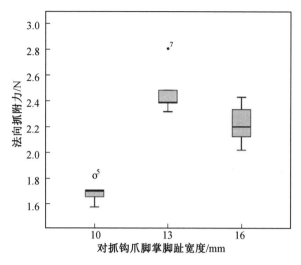

图 7.13　对抓钩爪脚掌上不同脚趾长度对切向抓附力的影响

的干涉,使得钩爪尖端提前脱附,从而降低切向抓附性能,因此也并非是钩爪脚趾长度越长切向抓附力越大。

(3) 脚趾宽度对抓附性能的影响。

选择脚趾宽度分别为 2 mm、3 mm、4 mm 的脚趾进行对比实验,研究脚趾宽度对抓附性能的影响,脚趾数目均为 5,长度为 10mm。实验采用的对抓钩爪脚掌参数如图 7.14 所示。

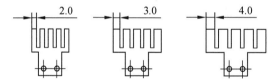

图 7.14　对抓钩爪脚掌不同脚趾宽度的实验脚掌参数(单位:mm)

图 7.15 所示为对抓钩爪脚掌上不同脚趾宽度对预压力的影响,图 7.16、图 7.17 分别为单个对抓钩爪脚掌上不同脚趾数目对法向抓附力和切向抓附力的影响。当对抓钩爪脚掌上脚趾宽度为 2 mm 时,对抓钩爪机构预压力为 (1.35 ± 0.05)N,对抓钩爪机构法向抓附力为 (2.40 ± 0.75)N,对抓钩爪机构切向抓附力为 (2.67 ± 0.11)N;当对抓钩爪脚掌上脚趾宽度为 3 mm 时,对抓钩爪机构预压力为 (1.56 ± 0.06)N,对抓钩爪机构法向抓附力为 (2.21 ± 0.52)N,对抓钩爪机构切向抓附力为 (2.08 ± 0.11)N;当对抓钩爪脚掌上脚趾宽度为 4 mm 时,对抓钩爪尖机构预压力为 (1.41 ± 0.03)N,对抓钩爪机构法向抓附力为 (1.88 ± 0.19)N,对抓钩爪机构切向抓附力为 (2.35 ± 0.03)N。从数据可以看出,随着对抓钩爪脚掌上脚趾宽度增大,对抓钩爪机构的预压力波动不大,法向抓附力则是

逐渐减小的趋势,切向抓附力则在 2 mm 的脚趾宽度时为最大。

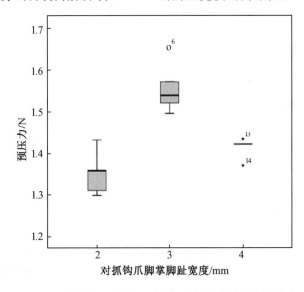

图 7.15   对抓钩爪脚掌上不同脚趾宽度对预压力的影响

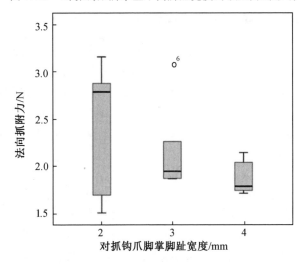

图 7.16   对抓钩爪脚掌上不同脚趾宽度对法向抓附力的影响

　　由图 7.15 可知,当对抓钩爪脚掌上脚趾宽度增加时,对抓钩爪机构的预压力波动不大,说明脚趾宽度增加对钩爪尖端的作用影响可以忽略不计。当对抓钩爪脚掌上脚趾宽度增加时,对抓钩爪机构的法向抓附力有减小的趋势,同时切向抓附力也有一定程度的减小,说明对抓钩爪脚趾越细,脚趾的柔性越好,当对抓钩爪尖端在脱附过程中作用时可以达到更大的接触角脱附,使得抓附性能更好。因此,对抓钩爪脚趾应在能够使得对抓钩爪可以固定的情况下宽度降低,使

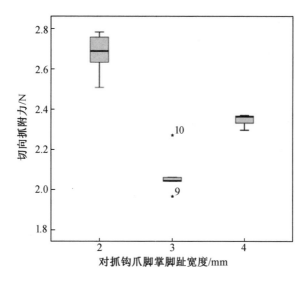

图 7.17　对抓钩爪脚掌上不同脚趾宽度对切向抓附力的影响

得钩爪脚趾柔性更好，提供更好的抓附性能。

7.1.3　钩爪脚掌的对抓机构设计

对于硅胶切割制作的柔性对抓钩爪脚掌在平整的粗糙表面抓附而言，钩爪脚趾的数目并不是越多抓附性能越好。钩爪脚趾数目过多反而会导致抓附作用时钩爪之间产生干涉，部分钩爪变为冗余钩爪，影响对抓钩爪机构的抓附性能。当钩爪脚趾长度过长时也会发生相同的问题，柔性脚趾变形过大与粗糙表面接触反而会导致端部的钩爪无法附着或者接触角度降低，降低对抓钩爪机构的抓附性能。对抓钩爪脚趾宽度过宽则会降低对抓钩爪机构的抓附性能。

为了实现机器人在平整竖直粗糙表面任意爬行，本实验设计的钩爪爬壁机器人的对抓钩爪脚掌如图 7.18 所示。对抓钩爪脚掌采用 2 mm 厚的硅胶进行一体切割直接得到对抓钩爪脚掌的外形，通过将 9 mm 长的针灸针尖端弯曲成 U 形固定在对抓钩爪脚趾上，最终钩爪伸出的长度为 3 mm，有一定向上弯曲的弧度，与对抓钩爪脚趾夹角为 45°。由于最终采用 2 个对抓钩爪脚掌对抓的方式，根据第 2 章的竖直表面横向抓附模型，实际抓附时，对抓钩爪尖端需要分布在水平线两侧，所以对抓钩爪脚趾采用扇形分布的对称设计，两侧的对抓钩爪脚趾与对抓钩爪中心线夹角为 20°，过大的夹角则会导致在竖直粗糙面横向抓附时冗余钩爪的增加。

对抓钩爪机构设计采用齿轮齿条驱动的伞状结构，这种通过齿轮齿条带动对抓钩爪实现抓附及脱附的结构设计具有很好的抓附能力，但使用这种结构设计的对抓钩爪机构作为钩爪爬壁机器人的足端时，由于伞状结构的高度较高，致

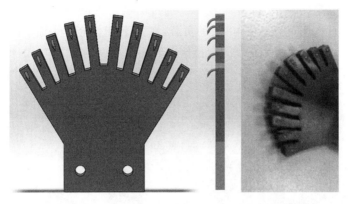

图 7.18　应用于钩爪爬壁机器人的对抓钩爪脚掌

使钩爪爬壁机器人的离地高度较高,当钩爪爬壁机器人在竖直表面爬行时,重心距离抓附表面较远,爬行时会产生较大的倾覆力矩,导致钩爪爬壁机器人爬行时稳定性较差而容易脱落。同时两个对抓钩爪脚掌对抓的设计可以减小对抓钩爪驱动力作用点距离钩爪尖端作用点的水平方向距离 D,减小单个钩爪的载荷角 γ,提升抓附性能。虽然采用伞状设计可以排布更多的对抓钩爪脚掌,但通过实验发现,真正影响对抓钩爪机构抓附性能的是能够有效作用的钩爪数目。因此,最终采用两个对抓钩爪对抓的方式。

　　若对抓钩爪脚掌在同一直线上线性对抓,通过驱动两个对抓钩爪脚掌以相反的方向转动即可实现对抓钩爪机构的抓附与脱附。由于对抓钩爪脚掌采用了扇形分布的方式,对抓钩爪机构在竖直表面水平作用时依旧可以实现稳定抓附,应用于钩爪爬壁机器人的对抓钩爪机构如图 7.19 所示。

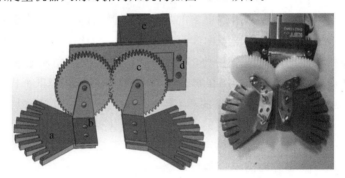

图 7.19　应用于钩爪爬壁机器人的对抓钩爪机构
a— 对抓钩爪脚掌;b— 对抓钩爪连接件;c— 齿轮;d— 舵机架;e— 驱动舵机

　　将伞形钩爪脚掌固定在齿轮上,两个齿轮固定在舵机架上形成啮合,舵机驱动其中一个齿轮转动就可以完成对抓行为。舵机在运行时有锁止功能,即当对抓钩爪完成抓附后,舵机停止转动且锁止在这个位置,使得对抓钩爪可以实现在粗糙表面的稳定抓附,如图 7.20 所示。通过测试,该对抓钩爪机构在 20 目粗糙竖直表面竖直作用可以承受 400 g 的负载,在 20 目粗糙竖直表面水平作用同样可以承受 400 g 的负载,在 20 目的粗糙倒置表面则可以承受 200 g 的负载。

(a) 粗糙竖直面水平作用　　(b) 粗糙竖直面竖直作用　　(c) 粗糙倒置面作用

图 7.20　单个对抓钩爪机构性能实验

7.2　对抓钩爪式六足爬壁机器人的结构设计

蟑螂等六足昆虫在竖直粗糙墙面甚至倒置粗糙表面都展现了很强的抓附能力,这与六足昆虫腿足分布有很大关系。六足昆虫在爬行时采用的三角步态相比大多数四足生物采用的对角步态有更好的爬行稳定性。同时,对于在竖直粗糙表面任意角度的爬行及抓附,或者在相比 90° 竖直表面更倾斜一些的粗糙表面而言,需要更大的抓附能力,所以更多的足端提高抓附能力使得钩爪爬壁机器人在竖直粗糙表面甚至更倾斜的表面爬行更加稳定。相比于四足爬壁机器人每条腿的摆动需要单独的舵机进行驱动,六足爬壁机器人的三角步态使得只需要通过一个舵机就可以驱动 6 个足端在爬行过程中的前后移动,降低了机器人的自由度,使得控制更加简单,结构也更简单,爬行更加稳定。设计的六足爬壁机器人将两足对抓钩爪机构作为机器人的足端结构,可以实现六足钩爪爬壁机器人在粗糙竖直表面和粗糙倒置面的稳定抓附,同时可以实现六足钩爪爬壁机器人在粗糙竖直表面沿任意方向的稳定爬行。

7.2.1　钩爪式六足爬壁机器人整体

图 7.21 所示为机器人的机身结构图,钩爪式六足爬壁机器人的机身采用左右两个机架拼接的方式,左机架连接左侧 L1、L3 足端及右侧 R2 足端,右机架连接右侧 R1、R3 及左侧 L2 足端,每个足端均固定了一个对抓钩爪机构的舵机,使

得对抓钩爪机构的抓附表面与机身机架平行。左、右足机架顶部及底部通过两个相同的支架连接,这样左右机架及支架间组成了一个平行四边形,两个支架中心连线上则固定了中央机架。中央机架一端通过防松螺母固定其中一个支架,另一端则通过安装在中央机架顶端的机身驱动舵机的输出轴连接固定在支架上的一字舵盘。这样中央机架上的机身驱动舵机旋转时就可以带动平行四边形支架端旋转,左机架上的 3 个对抓钩爪机构均处于抓附而右机架上的 3 个对抓钩爪机构均处于脱附时,平行四边形的支架端旋转即可带动脱附的右机架向前移动;同理,当右机架上的 3 个对抓钩爪机构均处于抓附而左机架上的三个对抓钩爪机构均处于脱附时,平行四边形的支架端旋转即可带动脱附的左机架向前移动。钩爪式六足爬壁机器人通过左右机架的交替前进实现整个机身的前进。整个钩爪式六足爬壁机器人采用 7 个舵机实现机器人在粗糙竖直表面沿任意方向的抓附及爬行,其中 6 个舵机控制 6 个足端对抓钩爪机构的抓附与脱附,位于中央机架上的机身驱动舵机实现了钩爪式六足爬壁机器人的前进和后退。

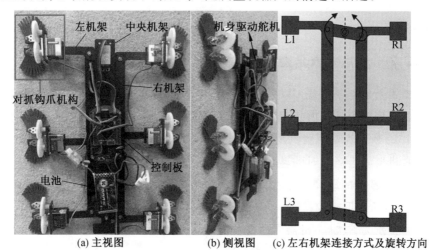

(a) 主视图　　　　　(b) 侧视图　　(c) 左右机架连接方式及旋转方向

图 7.21　钩爪式六足爬壁机器人结构

中央机架置于机身中心线上,控制板及电池也放置于中央机架上,这样在抓附及爬行过程中,左右机身的足端受力均衡,可将负载均匀分配在机身两侧的对抓钩爪机构,在粗糙竖直表面爬行时可以提高钩爪式六足爬壁机器人的负载极限。对于钩爪式爬壁机器人而言,更小的质量可以降低足端载荷,所以机身支架材料为 2 mm 厚的碳纤维板材。本设计采用 KST 的 DS215MG 舵机,7.4 V 的 800 mA 锂电池,通过降压电路转换成 4.8 V 电压对 7 个舵机供电。钩爪式六足爬壁机器人机架长 300 mm,前后两端的对抓钩爪脚掌距离为 320 mm,宽为 240 mm,从机架最高处到接触表面距离为 36 mm。舵机参数见表 7.2,整机质量分布见表 7.3。

表 7.2　DS215MG 舵机参数

尺寸 /(mm×mm×mm)	质量 /g	供电电压 /V	拉力 /(kg・cm)	工作频率 /Hz	响应时间 /s
22.90×12×27.30	20	4.8	2.5	333	0.07

表 7.3　整机质量分布

名称	质量 /g
整机	428.5
单个对抓钩爪机构	40
单个对抓钩爪脚掌	3
舵机	20
电池	50
电路板	40
齿轮	2

7.2.2　钩爪式六足爬壁机器人的静力学分析

钩爪式六足爬壁机器人以三角步态爬行时,速度较慢,因此可以通过对爬行过程中单个机架的足端做静力学受力分析以验证机器人的附着与爬行稳定性。

图 7.22 所示为钩爪式六足爬壁机器人在竖直表面竖向爬行时当左机架处于脱附而右机架处于抓附时的整机力学作用模型。其中,X 为钩爪爬壁机器人重心距离接触表面的距离,约为 26 mm;L 为机器人纵向两个足端的距离,为 150 mm,对抓钩爪机构在同一竖直表面内相对应的一组对抓钩爪受到的 x、y 方向的合力分别为 F_x、F_y,机器人所受重力为 G。左图为单个对抓钩爪的对抓模型,由受力平衡可知,

$$G = F_{x1} + F_{x2} + F_{x3} \tag{7.1}$$

$$G \times X = F_{y1} \times 2L + F_{y2} \times L \tag{7.2}$$

其中机器人质量为 428.5 g,假设各个对抓钩爪机构在爬壁过程中抓附性能相同,将其他数据带入,可知单个对抓钩爪在竖直表面竖向作用时的切向抓附力 F_x 为 1.43 N,此时法向抓附力 F_y 为 0.25 N,对单个对抓钩爪性能测试可知,单个对抓钩爪在竖直表面竖向作用时切向负载为 400 g,倒置面负载为 200 g,完全能够满足机器人的爬壁要求。在一些极端情况下,比如当单个机架的最下方的足端没有完成抓附时,此时单个对抓钩爪在竖直表面竖向作用时的切向抓附力 F_x 最大为 2.15 N,法向作用力 F_y 最大为 0.74 N,对抓钩爪机构依然能够完成抓附,钩

爪式六足爬壁机器人仍然可以完成爬行。在竖直粗糙表面爬行时,单足受力以切向抓附力为主。

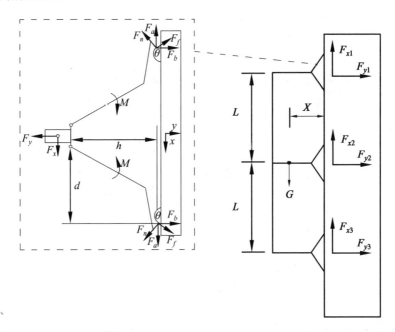

图 7.22　机器人竖直表面竖向爬行抓附力学模型(侧视图)

图 7.23 所示为钩爪式六足爬壁机器人在竖直表面横向爬行时当左机架处于脱附而右机架抓附时的整机力学作用模型。其中,X 为钩爪爬壁机器人重心距离接触表面的高度,约为 26 mm;S 为机器人横向两个足端的距离,为 180 mm;对抓钩爪机构在同一竖直表面内相对应的一组对抓钩爪受到的 x、y 方向的合力分别为 F_x、F_y;机器人所受重力为 G。由受力平衡可知

$$G = F_{x4} + 2F_{x5} \tag{7.3}$$

$$G \times X = F_{y4} \times S \tag{7.4}$$

假设各个对抓钩爪机构在爬壁过程中抓附性能相同,则单个对抓钩爪在竖直表面横向作用时的切向抓附力 F_x 为 1.43 N,法向抓附力 F_y 为 0.62 N,在第 3 章中对于单个对抓钩爪性能测试可知,单个对抓钩爪在竖直表面竖向作用时切向负载为 400 g,倒置面负载为 200 g,完全能够满足机器人在竖直表面水平爬行的爬壁性能要求。

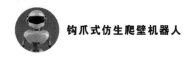
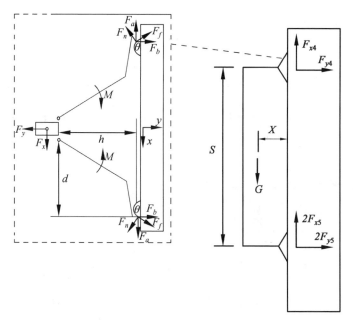

图 7.23　机器人竖直表面水平爬行抓附力学模型（侧视图）

7.3　对抓钩爪式六足爬壁机器人的步态规划与仿真

在对自然界中的昆虫及壁虎爬壁时的运动观察中发现，多足生物在壁面爬行时足部并不是无规律地向上抓附，而是多个足部之间相互协调，在不同的爬壁环境下采用不同的运动方式向上爬行，这种多足之间的协调运动规律即为步态。单腿支承相与步态周期之比称为占空比，通常认为占空比为 0.5 的步态为对角步态，而占空比大于 0.5 的步态为三角步态。对于壁虎而言，在竖直表面快速爬行时通常采用对角步态爬行，但是在一些环境比较复杂的壁面对角步态并不足以满足壁虎的稳定抓附，这时壁虎通常采用单腿轮流移动的方式进行移动，这种三角步态相比于对角步态而言，移动速度会降低，但壁面爬行的稳定性则更好。

对于设计的钩爪式六足爬壁机器人而言，采用的平行四边形结构使得机器人只靠一个机身驱动舵机即可实现三角步态进行稳定爬行，减少了机身的自由度，降低了机器人控制的难度，同时也增加了机器人的爬行稳定性。

7.3.1　机器人的步态规划

钩爪式六足爬壁机器人采用的平行四边形机架结构使得机器人单腿无法自

由摆动,所以只能通过机身驱动舵机控制左右机架的摆动来带动固定在左右机架上的对抓钩爪机构交替运动,这样也就是等同于将 6 个足端对抓钩爪机构分成了两组,即左机架上的 L1 足、R2 足、L3 足为一组,右机架上的 R1 足、L2 足、R3 足为一组。当驱动机身运动的舵机转动时,足端处于抓附状态的机架保持静止状态,足端处于脱附状态的机架则与静止机架发生相对移动,向前平移一个步距,然后完成抓附,刚刚处于静止状态的机架上的对抓钩爪机构则脱附向前,这样左右机架轮流交替向前前进,实现机器人的前进。

具体一个运动周期的步态过程如图 7.24 所示,其中足端为三角形代表足端处于抓附状态,足端为长方形代表足端处于脱附状态。

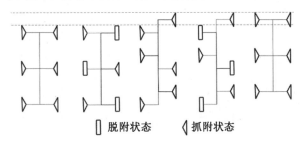

图 7.24　钩爪式六足爬壁机器人在三角步态下的一个运动周期

图 7.24 所示三角步态过程为:

(1) 初始状态时,钩爪式六足爬壁机器人的 6 个足端均处于抓附状态,此时左右机架处于对称状态,6 个足端在机器人中心线左右处于对称位置。

(2) 右机架上的 R1 足、L2 足、R3 足抬起,处于脱附状态,左机架上的 L1 足、R2 足、L3 足均处于抓附状态保持静止。

(3) 机身驱动舵机驱动支架逆时针旋转带动右机架向前移动一个步距,右机架上的 R1 足、L2 足、R3 足在机架移动过程中均处于脱附状态,当右机架前进到下一个位置后 R1 足、L2 足、R3 足上的对抓钩爪机构完成抓附,此时左机架上的 L1 足、R2 足、L3 足仍处于抓附状态。

(4) 右机架上的 R1 足、L2 足、R3 足完成抓附后,机器人处于六足均抓附的状态之后,左机架上的 L1 足、R2 足、L3 足抬起,处于脱附状态,右机架上的 R1 足、L2 足、R3 足均处于抓附状态保持静止。

(5) 机身驱动舵机驱动支架顺时针旋转带动左机架向前移动一个步距,左机架上的 L1 足、R2 足、L3 足抬起,在机架移动过程中均处于脱附状态,当左机架前进到下一个位置后 L1 足、R2 足、L3 足上的对抓钩爪机构完成抓附,此时右机架上的 R1 足、L2 足、R3 足仍处于抓附状态,此时机器人的六足均处于抓附状态,左右机架也处于对称状态,6 个足端也在机器人中心线左右处于对称位置,机器人回到初始状态,机身位置向前移动一个步距,完成一个步态周期。

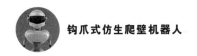

7.3.2　机器人在竖直表面水平爬行仿真

将钩爪式六足爬壁机器人的简化模型导入 ADAMS 中进行仿真分析,分析在竖直表面上水平爬行时的稳定性,如图 7.25 所示。当机器人在竖直墙面水平爬行时,将重力设置为与机身中轴线垂直,竖直墙面亦垂直于水平表面。以右机架上的 L2 及右机架的运动为例对机器人的单足及单个机架的移动进行分析。

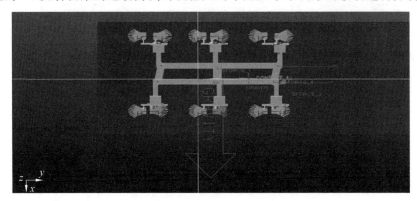

图 7.25　机器人在竖直表面水平向左爬行仿真

图 7.26 和图 7.27 分别为 L2 足端在垂直壁面方向的位移及右机架在机身前进方向的位移。由图可知在机器人的一个步态周期内,机器人单个足端的抓附与脱附与机身的移动相关。一个步态周期的时间是 6 s,在步态周期开始后,位于右机架的 L2 足端开始脱附,对抓钩爪机构将单个对抓钩爪脚掌抬起至距壁面66 mm 处,此时右机架上的对抓钩爪脚掌均与壁面无接触,处于脱附状态。在右机架上的足端均脱附完成后,右机架延迟 1.5 s,待足端脱附引起的机身抖动缓和后,向前移动 10 mm。接着足端对抓钩爪机构驱动脚掌落下,足端完成抓附,这时钩爪式六足爬壁机器人的 6 个足端均处于抓附状态。此后的步态周期中,L2及其他右机架上的足端保持抓附状态直至这个步态周期结束,开始下一个步态周期。机器人占空比为 0.53,大于 0.5,机器人在粗糙竖直表面的横向爬行有很好的爬壁稳定性。

钩爪式六足爬壁机器人在竖直表面其他方向运动时均采用相同的步态,这是由足端采用对抓钩爪机构良好的切向及法向抓附性能决定的。通过对抓钩爪机构,机器人在竖直表面爬行过程中单个机架上的足端处于脱附时,另一个机架上的足端仍能够维持整个钩爪式六足爬壁机器人的稳定抓附。

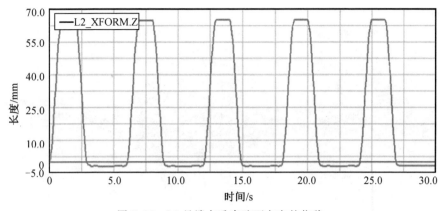

图 7.26　L2 足端在垂直壁面方向的位移

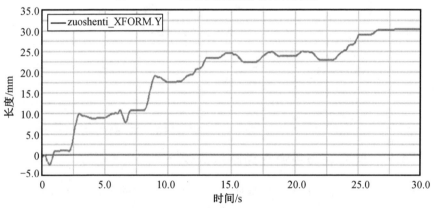

图 7.27　右机架在机器人前进方向的位移

7.4　对抓钩爪式六足爬壁机器人的性能测试

7.4.1　静态负载性能测试

机器人性能测试主要分为静态负载和爬壁性能测试两个部分,分别针对机器人在粗糙竖直表面的抓附性能及在粗糙表面的爬壁稳定性进行验证。钩爪式六足爬壁机器人的抓附性能主要是通过在机身驱动舵机上悬挂标准砝码进行测试,如图 7.28 所示。以 100 g 砝码为单次增加质量,直至钩爪式六足爬壁机器人出现倾覆或者钩爪不能完成抓附时的负载即为机器人的极限负载。与单个对抓钩爪机构相对应,钩爪式六足爬壁机器人的负载测试分为在竖直粗糙表面上进行横向抓附、在竖直粗糙表面进行纵向抓附及在倒置粗糙表面的抓附,具体抓附

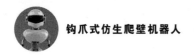

性能见表7.4。

| (a) | (b) | (c) |

图 7.28　机器人静态负载实验

表 7.4　机器人静态抓附性能

机器人抓附表面及作用方向	静态负载质量 /g
竖直表面水平抓附	700
竖直表面纵向抓附	900
倒置表面抓附	500

7.4.2　竖直表面任意方向爬行测试

对于大多数采用单个钩爪脚掌而非对抓钩爪脚掌的足式爬壁机器人而言，在粗糙竖直表面爬行时通过钩爪与粗糙墙面作用的切向抓附力平衡重力，使得机器人可以向上爬行。但由于单向钩爪脚掌的法向抓附力很小，所以必须通过添加类似于壁虎尾巴的装置对机身在爬壁过程中所受倾覆力矩进行平衡，使得机器人在爬行过程中不至于因为倾覆力矩而发生翻转。采用单个钩爪脚掌的机器人并不是沿竖直向上的方向或者向下爬行时，单个钩爪脚掌不能与粗糙表面良好作用，产生足够的切向作用力平衡机身重力，实现机器人在竖直粗糙面任意方向的爬行。

对于对抓钩爪式六足爬壁机器人而言，由于对抓钩爪在粗糙表面任意方向作用均能产生足够支承机器人重力的切向作用力，所以钩爪式六足爬壁机器人可以实现任意方向的抓附和爬行。同时，由于对抓钩爪在抓附作用时可以产生较大的法向抓附力，不需要采用尾巴的设计平衡机身所受倾覆力矩，这样就降低了机身结构的复杂程度，减轻了机身质量。同时，由于钩爪式六足爬壁机器人采用了对抓钩爪作为足端抓附机构，所以机器人在与壁面垂直的方向有一定的法向抓附力，可以实现机器人在粗糙倒置表面的抓附。图7.29～7.35所示为钩爪式六足爬壁机器人在竖直粗糙面爬行，机器人爬行方向与重力方向从0～180°的

爬行过程,机器人在爬行过中机身驱动舵机所在端为机器人的前进方向。机器人爬行的顺序为:

(1) 机器人六足均处于抓附的初始状态。

(2) 机器人右机架上 R1、L2、R3 脚掌抬起。

(3) 机器人右机架上 R1、L2、R3 脚掌保持抬起状态并向前移动一个步距并落下抓附。

(4) 机器人左机架上 L1、R2、L3 脚掌抬起。

(5) 机器人左机架上 L1、R2、L3 脚掌保持抬起状态并向前移动一个步距并落下抓附。

(6) 机器人开始下一个步态周期,机器人右机架上 R1、L2、R3 脚掌抬起。

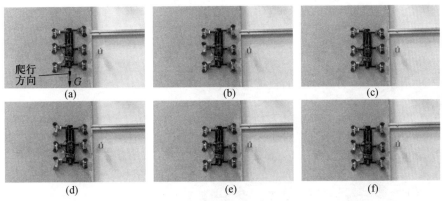

图 7.29　机器人在竖直表面爬行方向与重力方向夹角为 0°

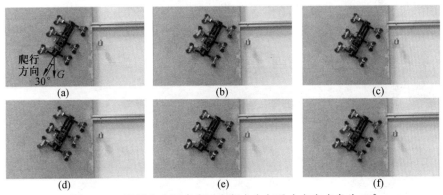

图 7.30　机器人在竖直表面爬行方向与重力方向夹角为 30°

7.4.3　竖直表面负载爬行测试

钩爪式六足爬壁机器人同样可以在悬挂负载的情况下在竖直粗糙表面爬行,通过将 100 g 负载悬挂在机身驱动舵机上进行不断叠加,测试对抓钩爪式爬壁机器人的极限性能,最终钩爪式爬壁机器人在竖直粗糙表面竖直向上爬行及

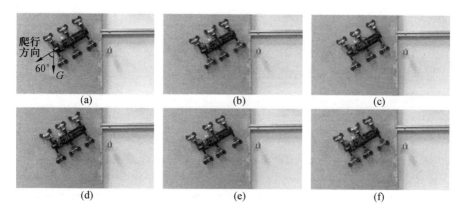

图 7.31　机器人在竖直表面爬行方向与重力方向夹角为 60°

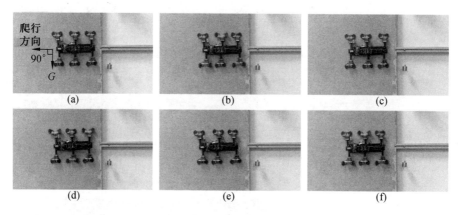

图 7.32　机器人在竖直表面爬行方向与重力方向夹角为 90°

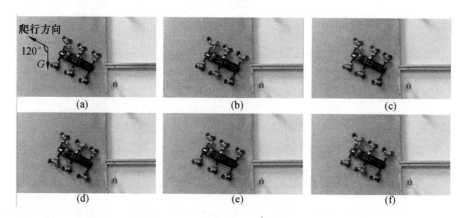

图 7.33　机器人在竖直表面爬行方向与重力方向夹角为 120°

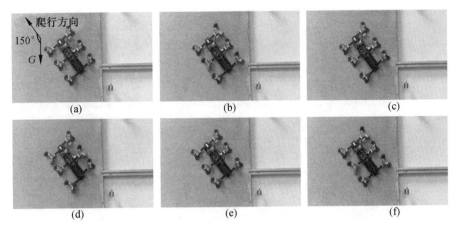

图 7.34　机器人在竖直表面爬行方向与重力方向夹角为 150°

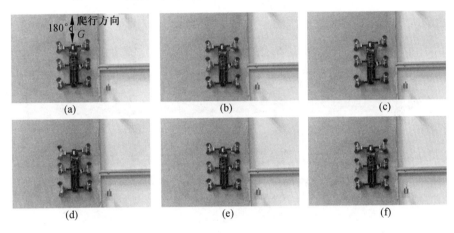

图 7.35　机器人在竖直表面爬行方向与重力方向夹角为 180°

横向爬行均可以实现 200 g 负载下的稳定爬行。通过观察,在 200 g 负载后,限制机器人进一步增加悬挂负载的因素为机身驱动舵机的扭矩,在进一步增加负载时,钩爪式爬壁机器人足端仍可以实现稳定抓附,但机身驱动舵机由于扭矩限制无法带动机架实现前进,图 7.36 和图 7.37 所示为机器人在粗糙竖直表面竖直向上及水平爬行的过程。

7.4.4　倾斜表面爬行测试

对于采用对抓钩爪机构作为足端的钩爪式六足爬壁机器人而言,由于具有足够的法向抓附力可以在六足均处于抓附状态时实现在粗糙倒置表面的抓附,并不能实现粗糙倒置表面的爬行,但是可以实现在与水平表面夹角为 105° 的粗糙竖直表面的稳定抓附和爬行,爬行过程如图 7.38 和图 7.39 所示。

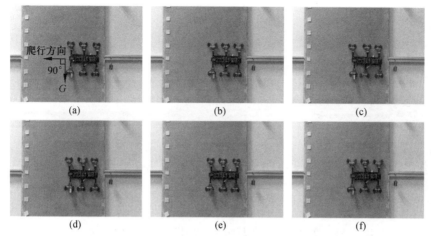

图 7.36　机器人悬挂 200 g 负载在竖直表面横向爬行

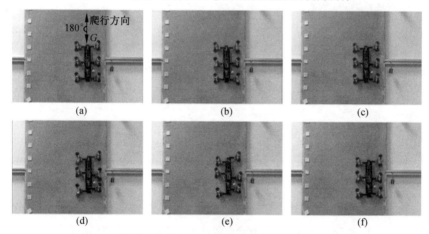

图 7.37　机器人悬挂 200 g 负载在竖直表面竖直向上爬行

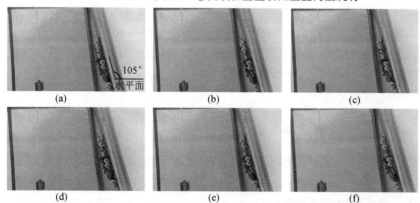

图 7.38　机器人在与水平表面夹角为 105° 的竖直粗糙面上爬行(侧视图)

图 7.39   机器人在与水平表面夹角为 105° 的竖直粗糙面上爬行(斜视图)

　　钩爪式六足爬壁机器人的爬行与负载性能测试实验说明,基于三角步态的对抓钩爪式爬壁机器人,对粗糙壁面有较强的适应性。该爬壁机器人作为移动平台,在搜救、侦查、检测等领域有重要的应用价值。

参 考 文 献

[1] 王国彪,陈殿生,陈科位,等.仿生机器人研究现状与发展趋势[J].机械工程学,2015,51(13):27-44.

[2] 王田苗,陈殿生,陶永,等.改变世界的智能机器:智能机器人发展思考[J].科技导报,2015,33(21):16-22.

[3] 斯塔夫里阿诺斯.全球通史:从史前到21世纪第7版新校本[M].吴象婴,梁苏民,译.北京:北京大学出版社,2010.

[4] 孙久荣,戴振东.仿生学的现状和未来[J].生物物理学报,2007,23(2):109-115.

[5] 沈石溪.白象家族[M].杭州:浙江少年儿童出版社,2015.

[6] MARY A,RAJU S N,RAVI A G,et al. A novel design technique to develop a low cost and highly stable wall climbing robot[C]. 4th International Conference on Intelligent Systems,Modelling and Simulation. IEEE,2013.

[7] ROSA G L,MESSINA M,MUSCATO G,et al. A low-cost lightweight climbing robot for the inspection of vertical surfaces[J]. Mechatronics, 2002,12(1):71-96.

[8] JIAN Z,DONG S,TSO S K. Development of a tracked climbing robot[J]. Journal of Intelligent & Robotic Systems,2002,35(4):427-443.

[9] KIM H,KIM D,YANG H,et al. Development of a wall-climbing robot using a tracked wheel mechanism[J]. Journal of Mechanical Science and Technology, 2008,22(8):1490-1498.

[10] KIM S,SPENKO M,TRUJILLO S,et al. Whole body adhesion: hierarchical,directional and distributed control of adhesive forces for a climbing robot[C]. IEEE International Conference on Robotics and Automation. IEEE,2007.

[11] BALAGUER C,GIMENEZ A,PASTOR J M,et al. A climbing autonomous robot for inspection applications in 3D complex

environments[J]. Robotica,2000,18(3):287-297.

[12] XU Z,MA P. A wall-climbing robot for labelling scale of oil tank's volume [J]. Robotica,2002,20(2):209-212.

[13] HENREY M,AHMED A,BOSCARIOL P,et al. Abigaille-Ⅲ:a versatile, bioinspired hexapod for scaling smooth vertical surfaces[J]. Journal of Bionic Engineering,2014,11(1):1-17.

[14] PEYVANDI A,SOROUSHIAN P,LU J. A new self-loading locomotion mechanism for wall climbing robots employing biomimetic adhesives[J]. Journal of Bionic Engineering,2013,10(1):12-18.

[15] SAMEOTO D,LI Y,MENON C. Multi-scale compliant foot designs and fabrication for use with a spider-inspired climbing robot[J]. Journal of Bionic Engineering,2008,5(3):189-196.

[16] 潘沛霖,韩秀琴,赵言正,等.日本磁吸附爬壁机器人的研究现状[J].机器人,1994,16(6):379-382.

[17] 王茁,张波,裴荣国,等.壁面爬行机器人本体的设计[J].吉林化工学院学报,2004,21(4):78-80.

[18] GUO L,ROGERS K,KIRKHAM R. A climbing robot with continuous motion[C]. IEEE International Conference on Robotics and Automation. IEEE,1994.

[19] 张小松.轮式悬磁吸附爬壁机器人研究[D].哈尔滨:哈尔滨工业大学,2012.

[20] SHEN W,GU J,SHEN Y. Permanent magnetic system design for the wall-climbing robot[J]. Applied Bionics and Biomechanics,2006,3(3):151-159.

[21] FISCHER W. Inspection system for very thin and fragile surfaces,based on a pair of wall climbing robots with magnetic wheels[C]. IEEE/RSJ International Conference on Intelligent Robots & Systems. IEEE,2007.

[22] FISCHER W,CAPRARI G,SIEGWART R,et al. Robotic crawler for inspecting generators with very narrow air gaps[C]. IEEE International Conference on Mechatronics. IEEE,2009.

[23] TAVAKOLI M,MARQUES L,ALMEIDA A T D. Development of an industrial pipeline inspection robot[J]. Industrial Robot,2010,37(3):309-322.

[24] 衣正尧.用于搭载船舶除锈清洗器的爬壁机器人研究[D].大连:大连海事大学,2010.

[25] SCHOENEICH P, ROCHAT F, NGUYEN O T, et al. Tripillar: a miniature magnetic caterpillar climbing robot with plane transition ability[J]. Robotica, 2011, 29(7): 1075-1081.

[26] LEE W, HIRAI M, HIROSE S. GunryuⅢ: reconfigurable magnetic wall-climbing robot for decommissioning of nuclear reactor[J]. Advanced Robotics, 2013, 27(14): 1099-1111.

[27] 姜洪源, 李曙生, 刘淑良, 等. 磁吸附检测爬壁机器人的研究[J]. 哈尔滨工业大学学报, 1998, 2: 80-84.

[28] 沈为民, 潘涣涣, 潘沛霖, 等. 水冷壁清扫检测爬壁机器人[J]. 机器人, 1999, 5: 375-378.

[29] 徐泽亮, 马培荪. 爬壁机器人履带多体磁化结构吸盘的设计及优化[J]. 机械工程学报, 2004, 40(3): 168-172.

[30] 闫久江, 赵西振, 左干, 等. 爬壁机器人研究现状与技术应用分析[J]. 机械研究与应用, 2015, 28(3): 52-54.

[31] 吴敬曾. 磁场计算与磁路设计[M]. 成都: 成都电讯工程学院出版社, 1987.

[32] 闻靖. 罐壁爬行机器人本体设计及其特性研究[D]. 上海: 上海交通大学, 2011.

[33] 陈伟. 船体抛光小型机器人弯翘曲面行走系统[D]. 宁波: 宁波大学, 2014.

[34] 桂仲成, 陈强, 孙振国. 多体柔性永磁吸附爬壁机器人[J]. 机械工程学报, 2008, 6: 177-182.

[35] 孟宪宇, 董华伦. 爬壁机器人结构设计及曲面磁力吸附关键技术研究[J]. 制造业自动化, 2018, 40(6): 19-22.

[36] 姜红建, 高振飞, 杜镇韬, 等. 面向船舶维护和监测的爬壁机器人设计[J]. 机械工程师, 2018(6): 48-50.

[37] 张学剑, 刘春惠, 俞竹青. 锅炉水冷壁磨损检测机器人的研究与开发[J]. 机械设计与研究, 2018, 34(1): 1-4.

[38] 蒋力培, 焦向东, 薛龙, 等. 磁吸式智能焊接机器人的研究[J]. 焊接技术, 2000, 1: 24-26.

[39] 徐海波, 白志东, 付兴, 等. 一种四足式电磁吸附爬壁机器人: 中国, CN106184452A[P]. 2016-12-07.

[40] 张铁昇, 高剑锋, 谢建军, 等. 一种履带式电磁吸附爬壁机器人行走机构: 中国, CN107310651A[P]. 2017-11-03.

[41] 李敏, 刘京诚, 刘俊, 等. 一种新型微小爬壁机器人[J]. 现代电子技术, 2007, 13: 101-104.

[42] 姚洪平, 尚晓新. 电磁技术的"章鱼"爬壁机器人的研究[J]. 制造业自动化,

2014,36(24):17-20.

[43] 付宜利,李志海.爬壁机器人的研究进展[J].机械设计,2008,25(4):1-4.

[44] 崔旭明,孙英飞,何富君.壁面爬行机器人研究与发展[J].科学技术与工程,2010,10(11):2672-2676.

[45] 张培锋,王洪光,房立金,等.一种新型爬壁机器人机构及运动学研究[J].机器人,2007,29(1):12-17.

[46] 吴善强,李满天,孙立宁.爬壁机器人负压吸附方式概述[J].林业机械与木工设备,2007(2):10-11.

[47] 滕迪.负压爬壁机器人及其控制技术研究[D].北京:北京理工大学,2016.

[48] XIAO J,XI N. Fuzzy controller for wall climbing micro robots[J]. Fuzzy Systems IEEE Transactions on,2004,12(4):466-480.

[49] LUK B L,GALT S,CHEN S. Using genetic algorithms to establish efficient walking gaits for an eight-legged robot[J]. International Journal of Systems Science,2001,32(6):703-713.

[50] 吴善强.低噪声负压吸附爬壁机器人系统的研究[D].哈尔滨:哈尔滨工业大学,2007.

[51] LONGO D,MUSCATO G. The Alicia3 climbing robot[J]. IEEE Journal of Robotics and Automation,2006,13(1):2-10.

[52] 吴善强,陈晓东,李满天,等.爬壁机器人的力学分析与实验[J].光学精密工程,2008(3):478-483.

[53] 李满天.微小型尺蠖式壁面移动机器人的研究[D].哈尔滨:哈尔滨工业大学,2006.

[54] ZHAO Y,FU Z,CAO Q,et al. Development and applications of wall-climbing robots with a single suction cup[J]. Robotica,2004,22(6):643-648.

[55] 肖军,贾宁宇,王洪光,等.小型爬壁机器人系统设计与应用[J].东北大学学报,2007,28(10):1442-1445.

[56] UB H,WANG L,ZHAO Y,et al. A miniature wall climbing robot with biomechanical suction cups [J]. Industrial Robot: an International Journal,2009,36(6):551-561.

[57] 朱海东,高健.负压吸附式爬壁机器人的体重设计[J].浙江水利水电学院学报,2018,97(3):84-86.

[58] 彭晋民,李济泽,邵洁,等.负压爬壁机器人吸附系统研究[J].中国机械工程,2012,23(18):2160-2168.

[59] 徐聪,韩奉林,刘曼玉,等.一种斜推式爬墙机器人的分析与设计[J].机械

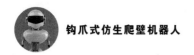
研究与应用,2013,26(5):110-113.

[60] HILLENBRAND C,BERNS K,WEISE F. Development of a climbing robot system for non-destructive testing of bridges[C]. The 8th IEEE Conference on Mechatrinics and Machine Vision in Practice,2001: 399-403.

[61] 王兴如,衣正尧,王祖温,等.超高压水射流船舶爬壁除锈机器人力学特性研究[J].机床与液压,2008,36(10):67-70.

[62] 衣正尧,弓永军,王兴如,等.船舶除锈机器人设计方案研究[J].机床与液压,2010,38(7):65-67.

[63] 衣正尧,弓永军,王祖温,等.新型船舶壁面除锈爬壁机器人动力学建模与分析[J].机械工程学报,2010,46(15):23-30.

[64] 于今,李绍军,田蔚.自攀爬壁面清洗机器人机构设计研究[J].机械设计与制造,2008,8:189-192.

[65] 任梦鸿.水下船体表面清刷机器人复合吸附方法的研究[D].哈尔滨:哈尔滨工程大学,2009.

[66] 薛胜雄,任启乐,陈正文,等.磁隙式爬壁机器人的研制[J].机械工程学报,2011,47(21):37-42.

[67] KIM S,SPENKO M,TRUJILLO S,et al. Smoothsertical surface climbing with directional adhesion[J]. IEEE Transactions on Robotics,2008,24(1):65-74.

[68] BIRKMEYER P,GILLIES A G,FEARING R S. Dynamic climbing of near-vertical smooth surfaces[C]//IEEE/RSJ International Conference on Intelligent Robots and Systems. IEEE,2012.

[69] MURPHY M P,SITTI M. Waalbot:an agile small-scale wall-climbing robot utilizing dry elastomer adhesives[J]. IEEE/ASME Transactions on Mechatronics,2007,12(3):330-338.

[70] 李冰.柔性仿壁虎机器人的研究[D].合肥:中国科学技术大学,2011.

[71] 阮鹏,俞志伟,张昊,等.基于 ADAMS 的仿壁虎机器人步态规划及仿真[J].机器人,2010,32(4):499-504.

[72] 戴振东,孙久荣.壁虎的运动及仿生研究进展[J].自然科学进展,2006,16(5):519-523.

[73] 戴振东.非连续约束变结构杆机构机器人:运动与控制的若干仿生基础问题[J].科学通报,2008,53(6):618-622.

[74] FULL R J,TU M S. Mechanics of a rapid running insect:two-,four,and six-legged locomotion[J]. Journal of Experimental Biology,1991,156:

215-231.

[75] GORB S N,PERESSADKO A,SPOLENAK R,et al. Biological hairy attachment devices as a protptype for artificial adhesive systems[C]. Proceedings of the First International Industrial Conference, bionik,2004.

[76] 戴振东,佟金,任露泉.仿生摩擦学研究及发展[J].科学通报,2006,51 (20):2353-2359.

[77] DAI Z,GORB S N,SCHWARZ U. Roughness-dependent friction force of the tarsal claw system in the beetle Pachnodamarginata (Coleoptera, Scarabaeidae)[J].Journal of Experimental Biology,2002,205: 2479-2488.

[78] SPOLENAK R,GORB S,GAO H,et al. Effects of contact shape on the scaling of biological attachments[J]. Proceedings of the Royal Society A, 2005,461:305-309.

[79] JIAOY K, GORB S, SCHERGE M. Adhesion measured on the attachment pads of tettigonia viridissima (Orthoptera,Insecta)[J]. The Journal of Experimental Biology,2000,203:1887-1895.

[80] ARZT E, GORB S, SPOLENAK R. From micro to nano contacts in biological attachment devices[J]. PNAS,2003,100:10603-10606.

[81] GAO H, YAO H. Shape insensitive optimal adhesion of nanoscale fibrillar structures[J]. PNAS,2004,101:7851-7856.

[82] PERESSADKOA G,GORB S N. Surface profile and friction force generated by insect[C]. Proceedings of the First International Industrial Conference, Bionik,2004.

[83] 吉爱红,葛承滨,王寰,等.壁虎在不同粗糙度的竖直表面的黏附[J].科学 通报,2016,61:2578-2586.

[84] WANGW, JI A, MANOONPONG P,et al. Lateral undulation of the flexible spine of sprawling posture vertebrates[J]. Journal of Comparative Physiology A,2018,204(8):707-719.

[85] 中国野生动物保护协会.中国爬行动物图鉴[M].郑州:河南科学技术出版 社,2002.

[86] 杜世章,陈立侨,刘定震.中国壁虎属 Gekko 动物系统学研究进展[J].四 川动物,2002,21(3):200-204.

[87] 戴振东,吉爱红.壁虎运动仿生的生物力学基础[D].哈尔滨:哈尔滨工业 大学出版社,2011.

[88] 武汉大学,南京大学,北京师范大学.普通动物学[M].2 版.北京:高等教

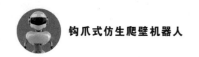
育出版社,1983.

[89] 周尧.周尧昆虫图集[M].郑州:河南科学技术出版社,2001.

[90] NIEDEREGGER S, GORB S. Tarsal movements in flies during leg attachment and detachment on a smooth substrate[J]. Journal of Insect Physiology,2003,49:611-620.

[91] FRANTSEVICH L, GORB S. Structure and mechanics of the tarsal chain in the hornet,Vespa crabro (Hymenoptera:Vespidae):implications on the attachment mechanism[J]. Arthropod Structure & Development, 2004(33):77-89.

[92] JI A H,LEI Y F,WANG J T,et al. Variation in spatial and temporal kinematics of level, vertical and inverted locomotion on a stinkbug Erthesina fullo[J]. Chinese Science Bulletin, 2014,59(26):3333-3340.

[93] BUHARDT P, KUNZE D, GORB S N. Interlocking-based attachment during locomotion in the beetle Pachnoda marginata (Coleoptera, Scarabaeidae)[J]. Scientific Reports,2014,4(1):6998.

[94] HAN L, WANG Z, JI A, et al. Grip and detachment of locusts on inverted sandpaper substrates [J]. Bioinspiration & Biomimetics, 2011, 6 (4):46005.

[95] WANG L X, ZHOU Q, XU S Y. Role of locust locusta migratoria manilensis claws and pads in attaching to substrates[J]. Chinese Science Bulletin,2011, 56(8):789-795.

[96] CUTKOSKY M R, KIM S. Design and fabrication of multi-material structures for bioinspired robots[J]. Philosophical Transactions of the Royal Society A,2009,367(1894):1799-1813.

[97] KIM S, ASBECK A T, CUTKOSKY M R, et al. Spinybot II:climbing hard walls with compliant microspines[C]. 12th International Conference on Advanced Robotics,2005.

[98] ASBECK A T, KIM S, CUTKOSKY M R, et al. Scalinghard vertical surfaces with compliant microspine arrays[J]. International Journal of Robotics Research,2006, 25(25): 1165-1179.

[99] POPE M T, CUTKOSKY M R. Thrust-assisted perching and climbing for a bioinspired UAV[C]. Conference on Biomimetic and Biohybrid Systems, 2016.

[100] AUTUMN K, BUEHLER M, CUTKOSKY M, et al. Robotics in scansorial environments[C]. Defense and Security, International Society

for Optics and Photonics,2005.

[101] SAUNDERS A,GOLDMAN D I,FULL R J,et al. The rise climbing robot: body and leg design[C]. Defense and Security Symposium, International Society for Optics and Photonics,2006.

[102] SPENKO M J,HAYNES G C,SAUNDERS J A,et al. Biologically inspired climbing with a hexapedal robot[J]. Journal of Field Robotics, 2008,25(4-5):223-242.

[103] HAYNES G C,KHRIPIN A,LYNCH G,et al. Rapid pole climbing with a quadrupedal robot[C]. IEEE International Conference on Robotics and Automation. IEEE,2009.

[104] GOLDMAN D I,CHEN T S,DUDEK D M,et al. Dynamics of rapid vertical climbing in cockroaches reveals a template[J]. Journal of Experimental Biology,2006,209(15):2990-3000.

[105] LYNCH G A,CLARK J E,KODITSCHEK D. A self-exciting controller for high-speed vertical running[C]. IEEE/RSJ International Conference on Intelligent Robots and Systems. IEEE,2009.

[106] LYNCH G A,CLARK J E,LIN P C,et al. A bioinspired dynamical vertical climbing robot[J]. International Journal of Robotics Research, 2012,31(8):974-996.

[107] DICKSON J D,CLARK J E. Design of a multimodal climbing and gliding robotic platform[J]. IEEE/ASME Transactions on Mechatronics, 2013, 18(2):494-505.

[108] MILLER B,ORDONEZ C,CLARK J E. Examining theeffect of rear leg specialization on dynamic climbing with SCARAB: a dynamic quadrupedal robot for locomotion on vertical and horizontal surfaces [M]. Springer International Publishing,2013:113-126.

[109] MILLER B,CLARK J E,DARNELL A. Running in the horizontal plane with a multi-modal dynamical robot[C]. IEEE International Conference on Robotics and Automation. IEEE,2013.

[110] DICKSON J D,PATEL J,CLARK J E. Towards maneuverability in plane with a dynamic climbing platform [C]. IEEE International Conference on Robotics and Automation. IEEE,2013.

[111] MILLER B D,RIVERA P R,DICKSON J D,et al. Running up a wall: the role and challenges of dynamic climbing in enhancing multi-modal legged systems[J]. Bioinspiration & Biomimetics,2015,10(2):025005.

[112] DALTORIO K A, HORCHLER A D, SOUTHARD L, et al. Mini-Whegs TM climbs steep surfaces using insect-inspired attachment mechanisms[J]. International Journal of Robotics Research, 2009, 28 (2):285-302.

[113] DALTORIO K A, WEI T E, GORB S N, et al. Passive foot design and contact area analysis for climbing mini-whegs[C]. IEEE International Conference on Robotics and Automation. IEEE, 2007.

[114] WILE G D, DALTORIO K A, DILLER E D, et al. Screenbot: walking inverted using distributed inward gripping[C]. IEEE/RSJ International Conference on Intelligent Robots and Systems. IEEE, 2008.

[115] DILLER E D. Design of a biologically-inspired climbing hexapod robot for complex maneuvers[D]. Cleveland: Case Western Reserve University, 2010.

[116] PALMER L R, DILLER E D, QUINN R D. Toward a rapid and robust attachment strategy for vertical climbing [C]. IEEE International Conference on Robotics and Automation. IEEE, 2010.

[117] PALMER L R, DILLER E, QUINN R D. Towardgravity-independent climbing using a biologically inspired distributed inward gripping strategy[J]. IEEE/ASME Transactions on Mechatronics, 2015, 20(2): 631-640.

[118] BIRKMEYER P, GILLIES A G, FEARING R S. CLASH: Climbing vertical loose cloth [C]. IEEE/RSJ International Conference on Intelligent Robots and Systems. IEEE, 2011.

[119] SINTOV A, AVRAMOVICH T, SHAPIRO A. Design and motion planning of an autonomous climbing robot with claws[J]. Robotics & Autonomous Systems, 2011, 59(11):1008-1019.

[120] FUNATSU M, KAWASAKI Y, KAWASAKI S, et al. Development of cm-scalewall climbing hexapod robot with claws [J]. MM Science Journal, 2014, 3:485-489.

[121] CHOI H C, JUNG G, CHO K J. Design of a milli-scale, biomimetic platform for climbing on a rough surface [C]. IEEE International Conference on Robotics and Biomimetics (ROBIO). IEEE, 2015.

[122] PARNESS A, MCKENZIE C. DROP: the durable reconnaissance and observation platform[J]. Industrial Robot: An International Journal, 2013, 40(3):218-223.

[123] MCKENZIE C,PARNESS A. Video summary of DROP the durable re-connaissance and observation platform [C]. IEEE International Conference on Robotics and Automation. IEEE,2012.

[124] PARNESS A. Anchoring foot mechanisms for sampling and mobility in microgravity[C]. IEEE International Conference on Robotics and Auto-mation. IEEE,2011.

[125] MERRIAM E, BERG A, WILLIG A, et al. Microspine gripping mechanism for asteroid capture[C],IEEE International Conference on Robotics and Automation,IEEE,2016.

[126] PARNESS A,WILLIG A,BERG A,et al. A microspine tool:grabbing and anchoring to boulders on the asteroid redirect mission [C]. Aerospace Conference. IEEE,2017.

[127] CHEN D L,ZHANG Q,LIU S Z. Design and realization of a flexible claw of rough wall climbing robot[J]. Advanced Materials Research, 2011,328-330: 388-392.

[128] WANG W,WU S,ZHU P,et al. Analysis on the dynamic climbing forces of a gecko inspired climbing robot based on GPL model[C]. IEEE/RSJ International Conference on Intelligent Robots and Systems. IEEE,2015.

[129] XU F,WANG X,JIANG G. Design andanalysis of a wall-climbing robot based on a mechanism utilizing hook-like claws[J]. International Journal of Advanced Robotic Systems,2012,9(6):1-12.

[130] XU F,JIANG G. Climbing robot modelling based on grab claws[J]. Przeglad Elektrotechniczny,2013,89(3):182-187.

[131] XU F,SHEN J,HU J L,et al. A rough concrete wall-climbing robot based on grasping claws:mechanical design,analysis and laboratory ex-periments [J]. International Journal of Advanced Robotic Systems, 2016,13(5):1-10.

[132] LIU Y,HU C,WU X,et al. Design of vertical climbing robot with compliant foot[C]. IEEE International Conference on Robotics and Bio-mimetics. IEEE,2012.

[133] LIU Y,SUN S,WU X,et al. Awheeled wall-climbing robot with bio-inspired spine mechanisms[J]. Journal of Bionic Engineering,2015,12 (1):17-28.

[134] CHEN Y,MEI T,WANG X,et al. A bridge crack image detection and

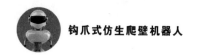
classification method based on climbing robot［C］. Control Conference (CCC)，35th Chinese. TCCT,2016.

［135］ 刘彦伟. 爪刺式爬壁机器人仿生机理与系统研究［D］.合肥:中国科学技术大学,2015.

［136］ NORBERG P. Why foraging birds in trees should climb and hop upwards rather than downwards［J］. THE IBIS，Journal of the British Ornithollogists' Union，1981，123(3)：281-288.

［137］ CONDIE D N. Gait Analysis-an introduction［J］. International Journal of Rehabilitation Research，1992，15(2)：181.

［138］ 吉爱红,顾伟,汪中原,等.壁虎在垂直的不同材料表面的运动与附着行为研究［J］.中国机械工程,2014,25(4)：432-438.

［139］ ABDULKADER R E，VEERAJAGADHESWAR P，LIN N H，et al. Sparrow：a magnetic climbing robot for autonomous thickness measurement in ship hull maintenance［J］. Journal of Marine Science and Engineering，2020，8(6)：469.

［140］ NGUYEN S T, LA H M . A climbing robot for steel bridge inspection ［J］. Journal of Intelligent & Robotic Systems，2021，102(4)：75.

［141］ GAO F，FAN J C，ZHANG L，et al. Magnetic crawler climbing detection robot basing on metal magnetic memory testing technology ［J］. Robotics and Autonomous Systems，2020，125：103439.

［142］ 安磊,张春光,褚帅,等.船舶除漆爬壁机器人永磁吸附装置的分析［J］.机械制造,2020,58(11)：8-10,23.

［143］ SAYED M E，ROBERTS J O，MCKENZIE R M，et al. Limpet Ⅱ：A modular, untethered soft robot［J］. Soft Robotics，2020，8(3)：112-125.

［144］ KIM D，KIM Y S，NOH K，et al. Wall climbing robot with active sealing for radiation safety of nuclear power plants［J］. 2020,194(12)：1162-1174.

［145］ 何智,黄华,雷春丽,等.基于旋翼负压混合吸附的爬壁清洗机器人系统动力学性能研究［J］. 机械设计与研究,2020,36(1)：32-37.

［146］ LIU J，XU L，XU J，et al. Design, modeling and experimentation of a biomimetic wall-climbing robot for multiple surfaces ［J］. Journal of Bionic Engineering，2020，17(3)：125-136.

［147］ DEMIRJIAN W，POWELSON M，CANFIELD S. Design of track-type climbing robots using dry adhesives and compliant suspension for

scalable payloads ASME［J］. Mechanisms Robotics, 2020, 12 (3): 031017.

［148］ BIAN S, WEI Y, XU F, et al. A four-legged wall-climbing robot with spines and miniature setae array inspired by longicorn and gecko［J］Bionic Eng, 2021, 18: 292-305.

［149］ LI H, SUN X, CHEN Z, et al. Design of a wheeled wall climbing robot based on the performance of bio-inspired dry adhesive material ［J］. Robotica, 2022, 40(3): 611-624.

［150］ BECK H K, SCHULTZ J T, CLEMENTE C J. A bio-inspired robotic climbing robot to understand kinematic and morphological determinants for an optimal climbing gait［J］. Bioinspiration & Biomimetics, 2021, 17(1):016005.

［151］ BIAN S, XU F, WEI Y, KONG D. A novel type of wall-climbing robot with a gear transmission system arm and adhere mechanism inspired by cicada and gecko［J］. Applied Sciences, 2021, 11(9):4137.

［152］ LIU Y, WANG L, NIU F, et al. A track-type inverted climbing robot with bio-inspired spiny grippers［J］. J Bionic Eng, 2020, 17: 920-931.

名 词 索 引